명문가^{에서의}
하룻밤

주말이 즐거워지는 우리 가족 테마 여행

명문가^{에서의} 하룻밤

1판 1쇄 인쇄 | 2013년 9월 17일
1판 1쇄 발행 | 2013년 9월 24일

글·사진 여태동

발행처 김영사 | **발행인** 박은주 | **편집인** 박숙정
책임편집 조혜영 | **편집** 이소영 이은경 강미선
마케팅 이희영 이재균 김형준 박진옥 정민영 양봉호 강점원 정소담 이지현
등록번호 제 406-2003-036호 | **등록일자** 1979. 5. 17
주소 경기도 파주시 문발동 파주출판단지 515-1(우 413-756)
전화 마케팅부 031-955-3102 편집부 031-955-3165 | **팩스** 031-955-3160

값은 표지에 있습니다.
ISBN 978-89-349-6486-5 13980

좋은 독자가 좋은 책을 만듭니다.
김영사는 독자 여러분의 의견에 항상 귀 기울이고 있습니다.

독자의견전화 031-955-3139 | **전자우편** book@gimmyoung.com
홈페이지 www.gimmyoung.com

g 김영사 on '김영사on'은 ㈜김영사의 2030세대를 위한 교양서 브랜드입니다.

주말이 즐거워지는 우리 가족 테마 여행

명문가에서의 하룻밤

글 · 사진 여태동

김영사on

명문고택에 깃든 소중한 가치가
우리 아이들에게 전해지기를

어린 시절, 으리으리하게 보였던 고택에 거미줄이 쳐지는 것을 보며 많은 생각을 했습니다.

'저렇게 큰 집에 왜 사람이 살지 않는 걸까?'

이후 도시로 나가는 사람들을 보았고, 저도 도시로 나와 살았습니다. 35년이 지난 시점에서 다시 생각해 보았습니다.

'왜 고택이 저렇게 계속 비어 있어야 하는 걸까?'

많은 고민을 가지고 다시 고택을 찾았습니다. 그곳에는 오래된 집만 사라지고 있는 게 아니었습니다. 그 집에 살았던 가문의 전통까지 사라지고 있었습니다.

수백 년 역사를 지닌 가문에서는 저마다 사회를 이끌어가는 지도자로서의 책무를 가훈이나 전통으로 고이 간직하고 있었습니다. 그 귀중한 무형의 자산에 먼지가 쌓이고 일부는 사라져 가고 있었습니다. '이래서는 안 되겠다'는 생각이 들었습니다. 명문가에 내려오는 소중한 지혜와 얼, 그들 고유의 가훈, 가풍을 우리 후세들에게 전해 주어야겠다는 책임감이 어깨를 짓누르기 시작했습니다. 스러져가는 고택도 보존해야 한다는 생각이 들었습니다.

그렇게 10여 년 동안 100여 곳의 고택을 답사했습니다. 일부는 이미 스러져 흔적을 찾기 어려운 곳도 있었고, 일부는 잘 보존되고 있었습니다.

고택을 지켜온 명문가의 선조와 후손들은 '가진 자로서의 사회적 책무'가 어떠해야 하는지를 잘 알고 실천해 왔습니다. 요즘 사회를 이끄는 지도자들의 부적절한 행동을 보면서, 고택에 깃든 정신이야말로 우리 사회를 이끌 진정한 지도자의 철학이 될 수 있다는 생각이 들었습니다.

우리 사회는 국민소득 2만 달러를 넘어 3만 달러 시대를 바라보고 있습니다. 세계 11대 경제대국에 접어들었다는 희소식도 날아듭니다. 이 흔쾌한 소식에도 우리 사회는 베풂과 나눔에 인색합니다. 특히 사회를 이끌어가는 지도자들의 사회적 책임의식은 참으로 왜소하기 짝이 없습니다.

그래서 명문고택에 깃들어 있는 소중한 정신적 가치를 나라를 이끌어 갈 우리 아이들에게 전하기로 마음 먹었습니다. 이 책이 장차 나라를 짊어질 아이들에게 든든한 힘을 주고, 아이들을 가르치는 부모에게도 도움이 되길 기원합니다.

2013년 9월
고양시 꽃우물 서재에서
여태동

목차

들어가는 글
명문고택에 깃든 소중한 가치가
우리 아이들에게 전해지기를

010
강릉 선교장
우아한 운치가 마음을 흔드는 대저택
–

026
봉화 만산고택
소나무가 만들어낸 전통건축의 백미
–

040
안동 농암고택
문호의 피가 흐르는 곳
–

052
논산 명재고택
올곧고 지조 있는 선비정신이 밴 고택
–

066
영주 무섬마을
실학의 흔적을 찾으러 가는 길
–

082
청송 송소고택
시간이 머문 마을
–

094
구례 운조루
구름 속에 새가 노니는 집

108

나주 남파고택
전통을 고집하는 남도 최대 규모의 고택

—

122

고성 왕곡마을
소담스런 북방식 가옥이 펼쳐진 마을

—

136

경주 최부자 고택
부를 제대로 나눌 줄 알았던 가문

—

148

안동 임청각
나라와 민족을 생각한 가문

—

162

영월 주천고택 조견당
해와 달과 별을 품은 집

—

178

함평 모평마을
한적한 시골마을로 남은 명문가의 흔적

—

192

전주 양사재
조선시대 선비를 양성하던 공간

204

안동 수애당
잘 보존된 조선 후기 건축양식

—

218

보은 선병국 고택
선행을 즐거움으로 삼는 집

—

232

보길도 김동성 고택
바다를 가로질러 만나는 고택

—

246

서산 정순왕후 생가와 계암고택
왕후와 애국지사를 배출한 충절의 집

—

258

청양 동암고택 와송정
대의와 명분을 중시한 가문

—

272

순천 해룡성 고택
정당하게 벌어 나눔을 실천한 집

—

286

홍성 사운고택 우화정
산성과 소나무 숲이 어우러진 고택

〈명문가에서의 하룻밤〉을 읽기 전에

01

책에 소개된 대부분의 고택에서는 하룻밤 묵을 수 있는 숙박체험 프로그램을 운영하고 있습니다. 간혹 바뀌기도 하니, 찾아가기 전에 확인해 보는 편이 좋습니다.

02

각 고택의 구조도는 건물의 배치를 파악하기 위한 것으로, 실제 모습과는 다소 차이가 있을 수 있습니다.

03

각 고택들은 책에 안내된 주소를 바탕으로 하여 내비게이션으로 쉽게 찾아갈 수 있습니다.

강릉
선교장

선교장에 들어서는 순간 널찍이 펼쳐지는 고택의 모습을 보고 있으면 저절로 마음이 넓어집니다. 고택의 규모가 커서만은 아닙니다. 오래된 재목이 그대로 남아 있어서도 아닙니다. 집 뒤편에 병풍처럼 둘러져 있는 수백 년 된 노송과, 활래정 앞 연꽃 밭과 그 주변에 피어 있는 꽃들이 성냥갑 같은 아파트에서 살고 있는 도시 사람의 마음을 봇물처럼 무너뜨립니다.

船橋莊 선교장

　　이곳 선교장을 집터로 잡은 주인공은 세종대왕의 형 효령대군의 11세손인 무경 이내번(1703~1781년)으로, 터를 잡을 때 족제비에 관한 재미있는 일화 하나가 전해집니다. 무경 선생은 집 지을 터를 찾던 중 한 떼의 족제비가 일렬로 무리 지어 날아오르는 것을 목격합니다. 그 광경이 신기하여 뒤를 따라갔는데, 족제비 떼가 지금 선교장이 들어선 땅 부근의 숲으로 사라졌습니다. 그래서 현재 이곳을 명당이라 판단하고 선교장을 지었다고 합니다.

선교장에 자리를 잡은 무경 선생은 해마다 풍년이 들어 재산이 기하급수적으로 늘기 시작했습니다. 자연스럽게 선교장 가문은 강릉 일대는 물론 주문진, 동해 지역까지 토지를 소유하게 돼 곡식을 보관하는 창고를 여러 곳에 두기도 했습니다. 집안에서는 당연히 이 많은 부가 족제비가 집터를 잡아 준 덕분이라고 믿어, 선교장 후손들 사이에서는 대대로 족제

선교장 주인이 사는 별채의 간장독

비를 보호하면서 뒷산에 먹이를 갖다 놓는 풍습이 전해 내려오고 있습니다.

선교장이 위치한 지세도 명당입니다. 대부분의 명당이 그러하듯 야트막한 산이 감싸고 있습니다. 대관령에서 뻗어내린 용의 기운이 시루봉을 지나 경포대 앞까지 내려와 이곳 선교장에 이릅니다. 시루봉의 맥은 경포대 쪽으로 올라가면서 여러 개의 자그마한 청룡과 백호를 만드는데, 그 모양이 마치 알파벳 'U'자 같습니다. 선교장은 청룡과 백호가 활처럼 둥그렇게 감싼 집터입니다. 선교장 마당에서 보면 야트막한 산이 4면을 병풍과 같이 둘러싸고 있어 매우 아늑하게 느껴집니다. 이처럼 주산과 청룡, 백호 등이 매우 가깝게 있어 큰 복을 받을 지세입니다. 선교장 바로 앞은 경포대가 매우 가깝게 자리 잡고 있지만 지형에 가려서 강릉 앞바다가 보이지는 않습니다. 명당에서는 바다나 강과 같은 큰물이 직접 보이지 않는 게 좋다고 합니다.

자연과 사람이 조화를 이루다

선교장은 한국에서 가장 규모가 크면서도 아름다운 전통가옥 중 하나입니다. 민가로서는 처음으로 1965년 국가지정 민속자료 제5호로 지정되어 그 가치를 인정받고 있습니다.

'선교장' 이름에 얽힌 이야기

'선교장'은 다른 고택이 이름에 '당'이나 '택'을 붙이는 것과 달리 '장(莊)'을 씁니다. 이는 장원(莊園)을 가리킵니다. 장원은 목재를 가공해서 집을 짓는 목수에서부터 기와를 굽는 옹기터 등 소위 생활사에 필요한 모든 것을 자급자족할 수 있는 규모를 갖춘 집안을 일컫습니다. 선교장은 한마디로 그냥 명문가가 아니라 한 지역의 모든 경제를 관장하는 집안이었던 것입니다.

명문가에서의 하룻밤

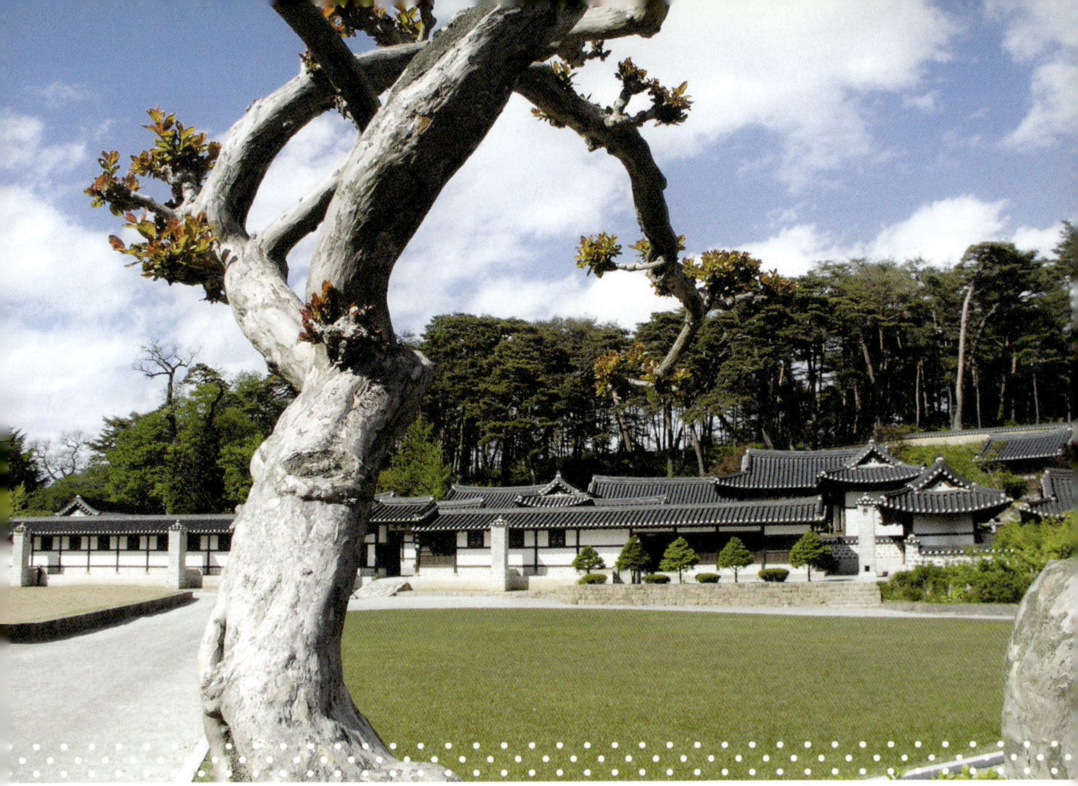

왕손이 지은 고택이자 99칸이 넘는
우리나라 최대의 전통한옥인 선교장의 전경

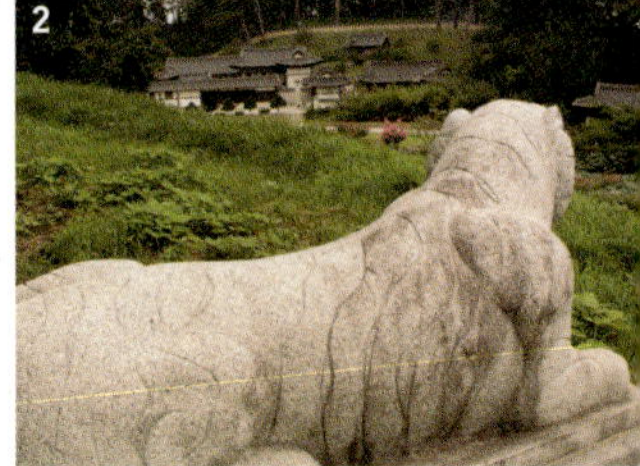

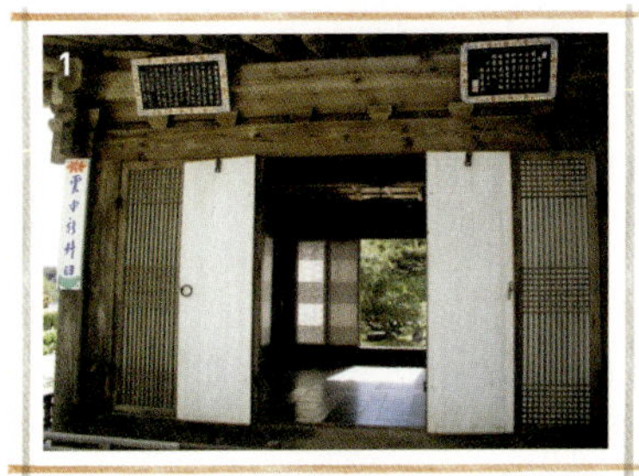

1 선교장 사랑채인
활래정 입구
2 지세를 누르기 위해
세운 흰 호랑이 동상

선교장 입구에 들어서면 "와!" 하는 탄성이 절로 나옵니다. 고택의 규모가 다른 고택에 비해 큰데다가 짜임새 있는 구조로 지어져 더욱 품격있어 보입니다. 여기에 고택 뒤편을 병풍 둘러치듯 죽 에워싼 수백 년 된 노송은 다른 어떤 고택보다 운치를 더합니다. 활래정 앞 연꽃밭과 그 주변에 피어 있는 꽃들도 각박한 도회지 생활에 찌든 사람들에게 집에 대한 생각을 확 바꿔놓습니다.

300년이나 된 금강송 군락을 배경삼아 일자형으로 펼쳐진 선교장은 한 골짜기를 가득 채운 집들로 가득합니다. 건물만 해도 수십 채가 되고 칸칸이 딸려 있는 방도 100개가 넘습니다. 조선시대 일반 사대부가의 규모가 99칸을 넘지 못한다는 상식을 뛰어넘었으니 궁궐에 버금하는 대저택입니다. 양반가의 입구에 서 있는 행랑채도 30여 칸에 이릅니다. 입구에 늘어선 듯이 도열한 행랑채와 그 안에 안채, 사랑채, 동별당, 사당 등이 들어서 있고, 그 뒤로 적송과 악귀를 쫓는다고 알려진 회화나무가 집안의 역사를 말해주듯 아래를 굽어보고 있습니다.

명문가에서의 하룻밤

1 양반가 문인들이 좋아했다고 전해지는 선교장의
회화나무 고목
2 선교장의 별채로, 최근에 복원되었습니다.

선교장에 들어서면 우측에 활래정이 보이고 그 앞 연못 주위로 잘 조경된 꽃나무들이 일렬로 서 있습니다. 연못에 네 개의 돌기둥을 내리고 그 위에 나무 부재를 세워 만든 정자 활래정은 선교장의 운치를 대변하는 연꽃 연못입니다. 많은 사진작가들이 이곳에 와서 붉게 피는 홍련과 어우러진 활래정을 찍곤 합니다. 활래정의 또 다른 특징은 사방 벽에 흙이 한 덩어리도 없다는 사실입니다. 사면은 넓게 열 수 있는 문으로 만들어져 있어 여름철 사랑방 역할을 합니다.

활래정은 이내번의 손자 오은 거사 때 지어졌습니다. 오은 거사는 주자의 시 '관서유감'에서 '위유원활수래爲有源活水來: 근원으로부터 끊임없이 내려오는 물이 있음일세'에서 글자를 따 이곳을 '활래정活來亭'이라 했습니다. 많은 묵객들이 다녀가면서 남긴 시화는 당시의 풍류 수준을 대변하고 있는 선교장의 귀중한 유품입니다. 또한 선교장에서는 매년 8월 홍련이 무성해지면 전국의 차인茶人들이 모여 차회茶會를 열기도 합니다.

활래정은 자연과 사람이 어떤 조화를 이루고 살아야 하는지를 보여주는 건축물입니다. 집 안에 연못을 만들어 물의 품성을 이어 마음을 정화하고, 차실을 따로 만들어 차를 내어오며 손님을 극진히 대접하는 주인의 마음씨도 건물에 고스란히 배어 있습니다.

연꽃을 심어 여름에는 차회을 열기도 하는 사랑채, 활래정

1 선교장 사당으로 향하는 문
2 선교장 본채로 들어가는 입구 대문과 '신선이 사는 집'이란 뜻의 현판
3 체험공간 마루에서 바라본 모습
4 건물과 건물이 지붕을 맞대고 있는 모습. 얕은 산의 오래된 소나무가 눈에 띕니다.
5 근대식 건축양식이 가미된 차양이 있는 특이한 구조의 열화당

명문가에서의 하룻밤 ●●

신선이 거처하는 그윽한 집

　　연못 위에 날아갈 듯 지어진 활래정을 지나 본채 쪽으로 들어가면 바깥행랑이 길게 늘어서 있습니다. 행랑채 중간에는 솟을대문이 훌쩍 큰 키를 자랑하고 있고, 대문에는 세로로 '선교장船橋莊'이라고 쓴 작은 현판과 가로로 '선교유교仙橋幽居'라고 쓴 큰 현판 두 개가 걸려 있습니다. '신선이 거처하는 그윽한 집'이라는 뜻입니다. 보기만 해도 여유가 묻어납니다. 솟을대문을 들어서면 동쪽으로 안채, 서쪽으로 사랑채가 있고, 문을 가로막은 건물 서별당이 있습니다.

사랑채에 걸린 '열화당悅話堂'이라는 현판 또한 눈길을 끕니다. 열화당이라는 출판사도 있는데 이 집안의 후손이 사랑채의 이름을 따 출판사를 설립했기 때문입니다. '즐거운 대화의 집'이라는 뜻의 이름으로 보건대, 사랑채 역할을 톡톡히 했으리라 짐작됩니다. 안빈낙도를 신조로 삼았던 무경 선생의 후손인 이후 선생이 순조 15년에 이 사랑채를 짓고, 도연명의 시 '귀거래사'에 나오는 '세상일은 잊어버리자. 어찌 다시 벼슬을 구하랴. 친척의 정겨운 이야기를 즐기며, 거문고와 책을 벗하여 온갖 시름을 잊어버리자. 世與我而相遺, 復駕言兮焉求, 悅親戚之情話, 樂琴書以消憂'라는 시구에서 이름 지었다고 합니다. 돌계단 위에 높직이 올라선 이 열화당은 보기에도 시원하고, 처마가 높아 별도의 차양을 달았는데 전통양식을 약간 벗어난 이채로운 양식으로 보아 아마도 개화기 러시아풍의 영향을 받은 듯합니다.

한옥체험공간의 큰방. 문을 열고 닫는 방법으로 공간을 크고 작게 활용할 수 있습니다.

문 안의 문, 경이로운 구조

안채 입구에도 문이 있는 것이 선교장의 특징입니다. 문에 들어서면 눈앞에 턱 하니 벽이 막아섭니다. 안채로 곧장 들 수 없는 구조입니다. 대개 안채는 안방, 안대청, 건넌방, 부엌으로 구성돼 있으며 집안의 주인마님이 거주하는 공간입니다. 아녀자들이 거처하는 곳인 만큼 외부인들은 들여다볼 수 없게 되어 있습니다. 이는 여성들을 사회생활과 격리시키고 외부 출입을 제한하던 당시 사회상을 반영하는 공간 배치입니다.

안채는 상류 주택에서 여성들의 공간이었으므로 가장 안쪽인 북쪽에 위치하는 것이 일반적이었습니다. 사랑채가 학문 탐구 등을 하는 활동적인 열린 공간이라면, 안채는 가족들의 의식주를 전담하는 공간으로 가구, 의복, 침구 등을 보관하는 장소이기도 했습니다.

명문가에서의 하룻밤

한옥은 구조적으로 안채, 사랑채, 행랑채, 별당채, 곳간채로 분류할 수 있는데, 선교장은 이들로 향하는 곳곳에 칸막이를 치듯 문으로 경계를 만들어 놓았습니다. 이들이 연출해내는 원근의 조화는 건축도 예술의 한 장르임을 저절로 느낄 수 있게 합니다.

안채를 지나 우측으로 들어오면 동별당이 나옵니다. '오은고택鰲隱古宅'이라고 쓰인 현판이 그윽함을 더합니다. 난간이 제법 높은 동별당은 선교장의 위엄을 대변합니다. 동별당에 들어서면 삿갓을 쓴 양반가의 주인이 턱수염을 쓰다듬으며 손님을 반길 것만 같습니다. 동별당 입구에서 고개를 들어 서쪽을 향하면 탄성이 절로 날 만큼 멋있는 경치가 연출됩니다. 그리고 서쪽 창고 앞마당에 이르기까지 대문의 원근감이 느껴지는 여러 방들이 한눈에 들어옵니다. 가까이 있는 문은 크고 그 다음은 좀 더 작고, 그 다음은 좀 더 작습니다. 큰 네모난 문에 작은 문이 들어가고, 다시 그 문 안에 또 다른 문이 들어간 듯합니다. 마치 작은 만다라가 정밀하게 만들어진 듯 경이롭습니다.

선교장 가운데 위치한 곳간채는 항일정신이 남아 있는 공간입니다. 당시 선교장의 주인은 이근우 선생으로, 이 곳간채는 1908년까지 동진학교 건물로 사용되었다고 합니다. 동진학교는 영동지역 최초의 사립학교였습니다. 그때 몽양

1 대문이 대문 속으로 들어오는 절묘한 건축미를 자랑합니다.
2 주인이 살았던 동별당, 오은고택

여운형 선생이 영어교사로 재직하고 있었는데 일제의 탄압이 심해 결국 문을 닫고 말았습니다. 가진 자들의 사회적 책임을 엿볼 수 있는 공간이지요. 그리고 선교장 주변에는 체험공간이 마련되어 있으며, 이곳에서 영화 촬영 한 것을 기념하는 비도 많이 세워져 있습니다.

선교장은 단장되기 전인 1980년대만 해도 주변이 정비되지 않아 남루한 모습이었습니다. 그렇지만 정부와 후손들이 끊임없는 관심을 가지고 잘 정비해 현재의 모습을 유지하고 있습니다. 과거로부터 남은 것들, 그리고 그것을 지켜내는 사람들. 선교장은 그 두 가지가 자연스레 공존해 있는 공간입니다.

동진학교

1908년 민족의식 고취를 위해 선교장의 주인이었던 이근우 선생이 동네 유지들과 뜻을 모아 설립한 우리나라 최초의 사립학교입니다. 학생들에게 민족주의와 독립정신을 불어 넣었으나, 일제의 탄압으로 인해 학생 유치가 힘들어 1911년 강제로 폐교되었습니다.

몽양 여운형

1886년 경기도 양평에서 태어난 여운형은 중국으로 건너가 신한청년단을 결성하고, 파리강화회의에 조선 대표를 파견해 2·8독립 선언과 3·1운동의 불씨를 지폈습니다. 임시정부 수립의 산파역을 맡는 등 항일 독립 운동에 힘썼고, 외교정치가로 활동하며 국권 회복에 힘썼습니다. 또한 국내 독립운동을 주도하며 해방 후에는 조선건국준비위원회를 결성하였고, 자주독립국의 건설과 민족 분단을 막기 위해 노력했습니다.

명문가에서의 하룻밤

1 선교장의 별채들. 다양한 체험공간으로 활용되고 있습니다.
2 우리나라 최초의 사립학교인 동진학교 건물터였던 곳간채

선교장

선교장은 어른, 중고생, 어린이별로 입장료가 다릅니다. 하룻밤 머물 수 있는 공간은 사랑채, 초당, 행랑채 등인데 전화 예약이 필수입니다. 필요하면 전통문화체험 프로그램도 참여할 수 있습니다. 프로그램은 상설로 진행되는 것이 아니라, 신청자가 있을 때마다 진행됩니다.

고택 정보

가는 방법 영동고속도로와 동해고속도로를 이용해야 한다. 동해고속도로 속초 방향으로 올라와 7번 국도를 타고 경포대 방향으로 직진하면 선교장이 나온다.

주소 강원도 강릉시 운정동 431번지

전화 (033)646–3270

명문가에서의 하룻밤

선교장의 여러 유물을 전시한 곳
민속자료전시관

선교장 입구에 위치하고 있으며 1984년 6월 개관했습니다. 선교장에서 보관하고 있던 민속자료를 보존하기 위해 바로 옆에 박물관을 건립하였고, 조선시대 후기부터 한말에 이르기까지의 각종 유물 800여 점을 전시하고 있습니다. 전시된 유물 외에도 3,000여 점의 고서와 서화자료가 박물관에 소장돼 있어 선교장의 역사를 고스란히 담아냅니다.

전화 (033)648-5303

이율곡이 태어난 강릉의 명소
오죽헌

뒤뜰에 줄기가 손가락만 하고 색이 검은 대나무 오죽이 있어 붙여진 이름 '오죽헌'은 강릉의 대표적인 문화재이며 보물 제165호로 지정된 조선 초기의 목조건축물입니다. 조선 중기 대표적인 학자이며 정치가인 율곡 이이 선생이 태어난 곳이자 그의 어머니 신사임당의 친정집입니다. 우리나라 오천원 권 지폐의 인물이기도 한 율곡 이이는 성리학에 밝아 〈성학십요〉, 〈격몽요결〉, 〈경연일기〉 등의 저서를 남기며 조선 중기 유학과 정치사상에 넓은 식견을 보였습니다. 현실정치와 학문에서 최선을 다한 그의 삶은 요즘에도 존경받고 있습니다. 오죽헌 안에는 율곡과 신사임당 일가의 여러 유품들이 전시되어 있으며, 강릉을 이해하는 데 큰 도움을 주는 향토사료관이 함께 위치해 있습니다.

가는 방법 선교장을 나와 650미터 정도 강릉 쪽으로 가다 보면 7번 국도와 만나는 삼거리에 이른다. 여기에서 좌회전하여 400미터 더 가면 오죽헌이 나온다.

주소 강원도 강릉시 죽헌동 201번지
전화 (033)640-4457

봉화

만산고택

따뜻한 구들목 아래에 앉아, 도시 생활로 얻은 스트레스를 잊
을 수 있는 만산고택.

봉화의 청량한 솔잎 사잇바람 소리를 들으며 군고구마라도
까 먹으면, 마치 어린 시절로 돌아간 듯한 느낌이 듭니다.

晩山古宅 _{만산고택}

봉화 땅, 특히 만산고택이 위치한 춘양은 소나무 중 최고로 꼽는 금강송의 집산지입니다. 금강송이 '춘양목'으로 불리는 이유입니다. 기차도 제대로 들어오지 않던 춘양에 영주와 동해를 잇는 영동선 철도가 지나도록 노선을 억지로 돌려놓았다는 곳이기도 합니다.

고택의 주인 부부는 야생화를 좋아한다고 했습니다. 그래서인지 고택 이곳저곳이 꽃밭입니다. 농촌살림이라 깔끔하게 정리정돈되어 있지는 않아도 단아한 기품이 있습니다.

집 안으로 들어가는 행랑채 방에는 솥이 걸려 있고 방문도 한지로 도배가 돼 있었습니다. 행랑채는 보통 하인들이 거주하거나 곡식을 저장하는 창고로 쓰인 공간이었습니다. 가옥의 규모에 따라 바깥행랑채만 있거나 중문행랑채가 있어 안채와 사랑채에는 양반, 중문행랑채에는 중간계층, 바깥행랑채에는 신분이 낮은 머슴들이 거처하기도 했습니다. 혹여 요

만산고택 안채의 용마루. 다섯 겹 이상으로 쌓아 올려 고택의 중후한 무게감을 느끼게 합니다.

즘도 그런가 싶어 주인에게 물어 보았습니다.

"행랑채에는 누가 사나요?"

"사정이 어려운 사람이 있어 그냥 와서 살라고 방을 내어 주었어요."

주인의 따뜻한 마음씨가 느껴집니다.

한 시대의 집이 무엇을 대변할까 싶지만 봉화에 있는 만산고택을 만나면 생각이 달라집니다. 망국의 한을 오롯이 버티며 나라 잃은 설움을 온몸으로 보여준 한 선비의 흔적이 붉은 춘양목에 배어 있으니 말입니다.

만산고택은 구한말 지조 높은 한 선비였던 만산 강용1846~1934 선생이 지었습니다. 그는 경학에 밝았고 뛰어난 문장력을 지니고 있어 도산서원 원장을 지냈으며, 흥선대원군과 깊은 친분을 맺기도 했습니다. 그 인연은 '만산晩山'이라는 현액을 하사받아 고택 안에 걸어 놓은 데서도 엿볼 수 있습니다.

관직에 나가 오랫동안 한양에서 생활했던 만산 선생은 근검절약을 실천하면서도 어려운 이웃을 돌보는 일에 팔을 걷어붙이는 훌륭한 인격의 소유자였습니다. 벌레나 개미도 차마 밟지 못할 정도로 온순하고 착한 성품이었다고 합니다. 그는 틈틈이 고향에 내려와 생활할 때도 가족은 물론 하인들에게까지 세심한 배려를 했던 것으로 전해집니다. 날씨가 추울 때는 하인들이 사는 집을 둘러보았고, 한지를 바른 방문의 문풍지가 찢어진 것을 보고 손수 풀칠을 할 정도였습니다.

그러나 그는 일제시대 때 을사조약이 강제로 체결되자 벼슬

고택을 지은
강용 선생의 사진

을 버리고 봉화에 내려와 뒷산에 태고정이라는 정자를 짓고 망미대를 쌓아, 그곳에서 국운회복을 기원하며 만년을 지내다가 89세의 일기로 세상을 떠났습니다. 그의 장례식에는 수많은 인파가 몰려들어 그의 마지막 길을 배웅했습니다.

만산 선생의 아들이었던 의재공 강필 선생 역시 을사조약 이후 국권회복을 위한 독립운동에 적극 참여하였고, 독립자금 모금 운동 때는 거금을 기부하기도 했습니다. 이 사실이 일제에 의해 밝혀져 대구경찰서에 구금되어 옥고를 치루기도 했습니다. 지난 1995년 광복 50주년에 강필 선생의 유공이 증명되어 정부로부터 독립유공 표창이 추서되던 날, 그의 손자인 강희간 공군준장이 서울 상공에서 축하비행을 했다고 합니다.

만산 강용

선생의 자는 계명, 호는 만산과 정와입니다. 1900년에 관직에 나와 영릉참봉(왕의 능을 관리하던 종9품 벼슬)을 거쳐 다음 해인 1901년에 능도감 감조관을 역임하였고, 1902년에는 통정대부 당상관(정3품)에 올랐습니다. 1903년 중추원 의관(현재의 국회의원)을 역임했습니다.

망미대 시

임금 향한 충성 바칠 길 없기에
때로 망미대에 오르노라.
산하는 어이 그리 적막한고.
천시가 회복되기 두 손 모아 빌 뿐.
군신간의 의리는 고금이 같거니
살거나 죽거나 그 충성 다할 뿐
숲속에 숨은 고인 그 뜻 어이 앗으리오.
목숨 버린 열사들은 그 얼마런가?
고사리 캐던 곧은 절개 천추 두고 우러르며
경술 밝아 벼슬 탄 유풍 백대 두고 높이리라.
망미대 앞에 부질없이 눈물 뿌리니
푸른 언덕의 차가운 달만 깊은 슬픔 비추는구나.

　　문수산과 낙동강의 첫 번째 지류인 운곡천을 배산임수 삼아 들어선 고택은 정면 11칸의 긴 행랑채 가운데에 솟을대문이 우뚝 솟아 있습니다. 정면 11칸의 행랑채는 현존하는 고택 가운데 보기 드물 정도로 큽니다. 문을 열고 들어가면 넓은 마당 건너편에 'ㅁ'자 형으로 안채와 사랑채가 이어져 있습니다. 오른편으로는 따로 담을 두르고 문을 낸 별당의 '칠류헌'이 고풍스럽게 서 있습니다.

부를 기반으로 지어진 고택은 태백산맥의 얕은 산을 등지고 동향으로 자리를 잡고 있습니다. 대문채를 지나 고택에 들어가면 가장 먼저 마주하는 건물이 바로 사랑채입니다. 외부 손님을 맞는 공간이자, 남자들의 공간입니다. 그리고 들어가는 입구 좌측에는 만산고택의 후손들이 엄격한 유교식 교육을 받았음 직한 서실이 있고, 사랑채 우측에는 별채인 칠류헌이 자리를 잡고 있습니다.

안채에서 인기척을 들었는지 주인이 이내 마당으로 내려왔습니다.

"먼 길 오시느라 고생 많으셨습니더. 제가 집 안내 좀 해드리겠습니더."

주인은 먼저 칠류헌으로 안내했습니다. 5월 중순이 지나 실록이 무르익을 계절인데도 앞마당에는 계절과 무관하게 붉은 색의 단풍나무가 자라고 있었습니다.

"별당인 칠류헌은 아마 우리나라에서 최고의 건축미를 자랑할 겁니다. 그리고 재료로 따져봐도 둘째가라면 서러워할 건물입니다."

　　　　　　　　　　　　　　　　　명문가에서의 하룻밤 ● ● ●

만산고택 입구인 행랑채의 모습. 솟을대문이 우뚝
솟아 있고 그 옆으로 방이 줄을 서듯이 지어졌습니다.

보통 별당채라 하면 딸들이 결혼 전 기거하는 곳이었으나 만산고택의 별당은 사랑채의 역할을 한 듯합니다.

칠류헌에 오르자 눈에 먼저 띈 것은 서까래 나무의 색깔이었습니다. 붉은 색을 띤 나무는 물론 춘양목이었습니다. 건축재로서 최고로 손꼽히는 춘양목은 지어진 지 100년이 넘어도 붉은 색을 그대로 유지하고 있었습니다. 칠류헌 현판은 소우 강벽원 선생의 글씨인데, 도연명이 스스로를 칭했다는 '오류五柳 선생'에서 두 그루를 더해 '칠류헌'이라 하였다고 합니다. 칠류헌은 만산고택이 개방하는 건물이기도 합니다. 과거에는 이곳을 찾는 문객들이 며칠이고 묵으면서 독서를 하고, 시문을 짓고, 강론도 할 수 있는 장소로 쓰였습니다. 만산고택 개방과 함께 그 기능이 다시 부활된 셈입니다.

명문가에서의 하룻밤

주인은 칠류헌에 들어가기 전 흥미로운 설명을 하나 더 해주었는데, 이 집은 앞쪽과 뒤쪽의 난간 크기가 같다는 것입니다. 집의 앞뒤가 같다는 것, 고택을 지은 주인의 성품도 그렇지 않았을까 싶습니다.

칠류헌은 일종의 강당 같은 공간입니다. 얼핏 보기에도 튼튼해 보이는 칠류헌의 문을 열고 들어가니 여러 개의 방이 있습니다. 옛날 한옥이 그러하듯이 작은 방들이 여러 개 만들어져 있었는데 칠류헌은 이러한 불편한 용도를 극복할 수 있다고 했습니다. 주인은 문을 열더니 다시 위로 들어올려 허공에다 걸었습니다. 문을 나누기고 하고 합하기도 할 수 있는 분합문을 들어올리니 제법 널찍한 공간이 확보됐습니다. 이 공간은 지금도 학술토론회로 활용되기도 합니다.

놀라운 것은 이 큰 공간뿐만이 아닙니다. 주인은 잠시 천장을 보라고 권했습니다. 대들보에서 올라간 큰 목재는 모두 붉은 춘양목입니다. 춘양목의 은은한 붉은 빛과 아름드리 대들보, 사랑방과 대청의 칸막이 구실을 하는 팔각형 완자무늬 문은 만산고택의 백미였습니다.

마룻바닥은 100년 세월에도 뒤틀림이 없었습니다. 춘양목의 진가가 유감없이 발휘되고 있었습니다. 3개의 방과 대청까지 열면 100명까지 앉아 세미나를 할 수 있는 공간이 확보된다고 하니 이만하면 한옥도 매우 실용적이라는 말이 나올 법했습니다.

만산고택의 사랑채는 안채에 붙어 있습니다. 오른쪽으로 난 작은 문 뒤로 중문이 있어 안채로 출입할 수 있게 돼 있었는

1, 2 만산고택 별채인 칠류헌의 천장
    모습. 지금도 춘양목의 송진이 검
    붉게 배어 있습니다.
3 칠류헌 현판이 걸린 입구. 문을
    위로 들어올려 넓게 사용할 수 있
    도록 만들어져 있습니다.
4 칠류헌에서 바라본 바깥 풍경

데 이러한 구조는 1800년대 이후의 주택 중 특히 봉화지역
에서 흔히 볼 수 있는 형태입니다. 추운지방에서 움직임이
편하도록 만든 구조가 아닌가 싶습니다. 안채는 사랑채 뒤편
과 이어져 안마당을 둘러싸고 있습니다. 안대청 왼쪽에는 안
방이 세로로 길게 자리 잡고 있고, 오른쪽에는 윗방과 꾸밈
마루방 2개가 앞뒤로 자리하고 있습니다. 안방 앞쪽으로는
부엌과 중간방이 왼쪽 날개 모양으로 연결되어 있고, 꾸밈마
루방 앞쪽으로는 3칸의 창고가 오른쪽에 날개모양으로 연결
되어 있습니다. 대부분의 목재가 춘양목이어서인지, 관리를
잘해서인지 아주 튼튼해 보였습니다.
"혹시 저런 용마루 봤습니꺼?"
안채에서 강씨는 방문객에게 손가락으로 사랑채 용마루를
가리켰습니다. 용마루 아래에 여러 겹의 층을 쌓아 사랑채가
한층 더 높았습니다. 건물이 높아지는 단순한 효과와 더불어
중후한 느낌 또한 들었습니다.

과거와 현재가 만나는 공간

만산고택은 경상북도 민속자료 제121호와 경상북도
전통건조물 제19호로 지정돼 보존되고 있으며, 국가지정문
화재로 신청돼 승격을 앞두고 있습니다. 세월이 흘러 만산고
택은 전통을 음미하려는 사람들의 발길에 의해 다시 조명되
고 있는 것입니다.
고택을 지키고 있는 강백기 선생은 서울에서 대학을 나온 역
사학도입니다. 서울 유학시절을 제외하고는 줄곧 만산고택을
지키면서 지역 사학자로 활동했으며, 현재는 봉화지역 문화

1 행랑채의 모습. 주인은 오갈 데
　없는 외지인에게 이 공간을 빌려
　주기도 합니다.
2 만산고택 안채 마당에 놓여 있는
　화초와 산나물

유산해설사로 활동하며 고택의 가치를 전하고 있습니다.

"불과 몇 년 사이에 저희 고택에 대한 소개가 많이 나가서 인지 많은 사람들이 찾고 있습니다. 우리 것에 대한 인식 이 높아지고 있다는 좋은 증거입니다. 그래서 저도 나서서 문화유산해설사가 되어 고택을 널리 알리고 있습니다. 참 좋은 현상이라고 생각합니다."

150여 년의 역사를 지닌 만산고택은 이제 새로운 사람들 을 맞이하고 있습니다. 겉으로 보이는 외형적 가치와 그 집에 살았던 사람들의 올곧은 정신이 결합돼 있는 만산고 택에는 과거와 현재가 공존하며 미래를 비춰주는 그 무엇 이 있습니다.

만산고택에서는 따뜻한 구들목 아래에서 도시 생활에 찌 든 스트레스를 날릴 수 있습니다. 봉화의 청량한 솔잎 사 잇바람 소리를 들으며 군고구마라도 까 먹으면, 어린시절 외갓집에 온 듯한 기분도 느낄 수 있습니다.

만산고택

칠류헌과 서실, 사랑채를 체험공간으로 사용할 수 있으며, 주말에는 찾는 사람들이 많아 예약을 해야 합니다. 현재 이곳에 살고 있는 문화유산해설사 강백기 선생의 고택에 대한 넓고 해박한 설명을 들을 수 있고, 계절을 잘 만나면 고택종부의 손길이 닿은 야생화도 구경할 수 있습니다.

식사는 미리 예약을 해야 하며 여의치 않으면 가까운 읍내에서 먹을 수 있습니다. 하룻밤 머물 때는 옛 선현들이 머물렀던 집인 만큼 예의를 갖추는 것이 좋습니다. 정부로부터 협조를 받아 수세식 화장실은 구비돼 있지만 썩 편하지 않은 점은 감수해야 합니다.

고택 정보

가는 방법 중앙고속도로를 이용해 영주를 지나 춘양면으로 들어온다. 여기에서 낙동강 상류인 운곡천을 따라 800여 미터 올라오면 좌측에 의양리 마을이 나오고 '만산고택'이라는 표지가 나온다.

주소 경상북도 봉화군 춘양면 의양리 288번지

전화 (054)672-3206

고택 한 바퀴 둘러보기

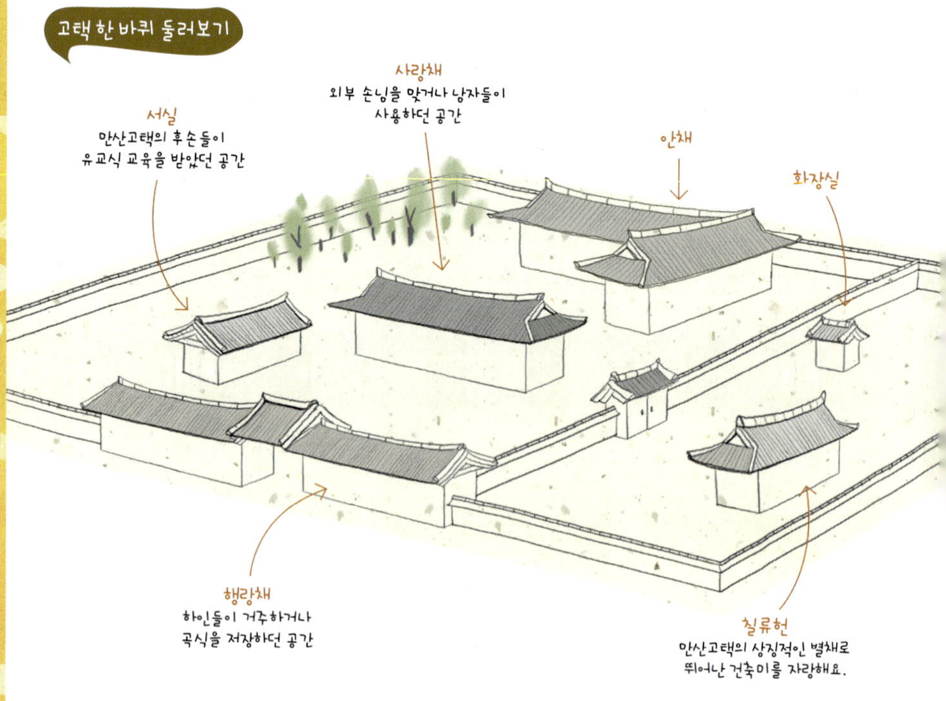

춘향목 향이 물씬 풍기는 고택

권진사댁

만산고택에서 곧바로 올라가 좌측으로 들어가면 '권진사 댁'이 나옵니다. 이곳 역시 전통고택으로, 봉화 춘향목 향기가 물씬 풍기는 집입니다.

이 고택은 조선시대의 학자인 성암 권철연 선생이 살던 집입니다. 건넛마을인 운곡에 살던 부친이 1880년경 이곳으로 이주하면서 지금의 위치에 옮겨 지었다고 합니다.

9칸의 행랑채가 일자로 지어져 있고 중앙에 솟을대문이 있는 전형적인 양반가옥 형태로, 집 마당에 들어서면 왼쪽에 3칸 규모의 서당이 위치합니다. 그리고 중앙에 'ㅁ'자 형의 안채가 자리 잡고 있습니다. 만산고택과 거의 비슷한 집 배치입니다. 이곳에서도 고택 체험이 가능합니다.

주소 경상북도 봉화군 춘양면 의양리 235

전화 (054)672-6118

안동 농암고택

훤히 트인 낙동강 물줄기가 시원스럽게 흐르는 소리가 들립니다. 단정하게 정비된 농암종택 사랑채에는 '적선積善'이라는 글귀가 크게 걸려 있습니다. 경로효친사상이 몸에 밴 가문이 주변 이웃들을 위해 베풀라고 하는 가풍을 유지하고 있는 듯이 느껴집니다. 갓 복원되어 보이는 사당과 안채와 별채, 행랑채 등도 옛 모습은 아니지만 원형대로 복원된 긍구당과 제법 조화를 이루며 내방객을 맞이하고 있습니다.

농암고택 안채. 민
속체험용 농기구
들도 보입니다.

聾巖古宅 농암고택

농암고택을 알기 위해서는 이 집을 지은 농암 이현
보 선생의 이력을 알아야 합니다. 농암 선생은 조선 초기에
서 중기까지 살았던 문신으로, 강과 호수를 노래하는 풍류를
'강호문학'이라는 장으로 이끌어낸 인물입니다. 강호문학은
한국과 중국을 중심으로 한 동아시아 문학의 중요한 전통 가
운데 하나입니다. 중국 진나라 때 시인인 도연명이나 당나라
때 왕유, 맹호연 같은 시인들로 계승돼 한문문학의 한 장르
가 되었습니다.

농암 선생의 대표작은 '어부가'와 '농암가'입니다. 이는 강호
문학의 대표작으로 자신이 태어나고 자란 고향의 자연을 소
재로 벼슬길의 영욕이나 세속의 이해를 멀리한 채 살아가는
즐거움을 노래하고 있습니다. 실제 농암 선생 자신은 오랫동
안 관직에 나가 사화에 시달리는 고초를 겪었으며 만년에는
고향에서 생애를 보냈습니다. 그래서 초기에는 유유자적하
는 삶을 살지는 못했습니다. 그렇지만 말년에는 초야에 묻혀

효를 강조하고 적선을
베푼 농암 이현보 선생
의 모습이 담긴 진영

그가 바라는 삶을 살면서 인생을 자연에 비춰보는 주옥 같은 작품을 남겼습니다.

농암 선생은 평생 '효'를 강조하며 '선'을 베풀 것을 강조했습니다. 남에게 베푸는 것이야말로 세상을 훈훈하게 하는 잣대가 된다는 것을 강조한 것입니다. 그래서 그는 시호를 '효절공'이라 하기도 했습니다. 조선시대를 통틀어 '효절'이란 시호를 쓴 사람은 농암 선생이 유일합니다. 이 대목은 현재 전하는 그림인 '화산양로연'에서 알 수 있습니다. 이 그림에서 주목할 부분은 농암이 여자와 천민까지도 함께 초청했다는 점입니다. 농암의 이런 측면은, '집안에서도 자식들과 노비들을 편애하지 않았고, 혼사를 정할 때에도 벼슬이 높은 집안을 따지지 않았다.'는 퇴계 이황 선생의 기록과 일치합니다. 당시 사회가 엄격한 신분사회였음을 감안할 때 아주 파격적인 일입니다.

이건의 슬픈 역사 그리고 복원

원래 농암고택은 안동시 도산면 분천동에 위치했습니다. 이 마을은 '부내마을' 혹은 '분강촌'이라 불렸습니다.

농암가

조선 중기 문인인 이현보가 지은 시조. 관직 때문에 서울에 오래 머물러 있던 이현보는 고향으로 다시 돌아갑니다. 농암에 올라 산천을 두루 살피는데, 옛 자취가 너무나 의연함에 기뻐 이 노래를 지었다고 합니다.

어부가

어부가는 일찍이 고려 때부터 12장으로 된 장가와 10장으로 된 단가로 전해져 왔는데, 이현보가 이를 개작하여 9장의 장가, 5장의 단가로 만들었습니다. 농암의 '어부가'는 한자어가 많고 부르기에 적합하지 않은 결점을 지녔으며, 정경 묘사도 관념적입니다. 후에 고산 윤선도의 '어부사시사'에 영향을 주었습니다.

1974년 안동댐이 건설되면서 수몰지인 안동 영천 이씨의 집 성촌인 '부내마을'은 사라지게 됐습니다. 도산서원에서 2킬로미터 하류 지역이었으니 그럴 수밖에 없었습니다. 그리고 그 이듬해인 1975년에 농암고택의 대표적 건물인 긍구당이 안동시 도산면 운곡리로 옮겨졌습니다. 620여 년의 역사를 지닌 긍구당을 비롯하여 애일당 그리고 분강서원 등의 유적들이 사방으로 분산, 이건되어 그 존재마저 잊혀지고 있었습니다.

그런 가운데 30여 년의 세월이 흐른 1990년 초, 자손들이 고향을 다시 만들고 유적들을 옮겨 복원하자며 뜻을 모았다고 합니다. 수몰로 인한 실향의 슬픔에 젖어 있을 수만은 없었습니다. 그리하여 청량산 남쪽 농암 선생 묘소 뒤편, 도산면 가송리 올미재의 수려한 산천을 그 적지로 보고, 자금을 마련하고 부지를 매입하며 그 준비를 했습니다. 그후 경북 북부의 '유교문화권개발'의 추진에 포함되어 농암 선생의 관련 유적들도 차츰 옛 모습을 되찾을 수 있는 기틀을 잡았습니다. 2001년에 기본계획도가 완성되어 긍구당과 사당부터 시작하여 애일당, 분당서원, 농암각자, 신도비 같은 문화재 건물들이 차례로 이건되었습니다. 그 후 명농당, 강각 등의 건물이 복원되었습니다. 이 중 애일당은 이현보 선생이 고향의 연로한 부모를 모시려고 지은 정자 이름으로, 경로효친사상이 잘 녹아 있습니다. 그는 관직에 있으면서도 매년 늙어가는 부모님 생각에 마음이 편하지 않았습니다. 다행히 몇 년 뒤 안동부사로 부임하면서 부모님과 마을 어르신들을 초청해 큰 경로잔치를 베풀었습니다.

1 긍구당에 제비가 깃들어 집을 지어 놓았습니다.
2 농암고택이 원래 있었던 마을 뒷산에 새겨진 '귀먹바위'란 뜻의 '농암(聾巖)' 글자

물결 굽어보는 정자에서 마음을 씻다

경북 안동시 도산면 가송리를 찾아갑니다. 안동시 최북단에 위치하고 있으며 봉화군과 인접해 있습니다. 낙동강이 굽이치는 물결을 보며 고개를 들면 봉화 청량사가 자리합니다.

농암고택을 찾아가는 길은 앞 절벽부터 아름답습니다. 낙동강 벽을 깎아지른 듯한 암벽이 절경입니다. 그 앞에 '세심정'이 보입니다. '마음을 씻는 누각'이라는 멋진 이름입니다. 누가 보아도 한여름이면 선비들이 모여 시흥을 돋우는 자리가 됐음 직합니다. 그리 넓지 않은 길이 낙동강을 따라 아래로 아래로 이어집니다. 자동차가 겨우 교차될 수 있는 길을 따라 내려가니 강이 굽어 흐릅니다. 물결이 부딪히는 곳에는 어김없이 바위가 막아서고, 그 반대편에는 고운 모래사장이 하얗게 펼쳐집니다. 길이 막 끝나는 지점에 농암고택의 대표 건물이라 할 수 있는 긍구당이 눈에 들어옵니다.

긍구당은 농암고택을 대표하는 건물로 농암종택의 사랑채입

명문가에서의 하룻밤 ● ●

농암고택에서 바라본 낙동강 모습과 농암고택으로
향하는 길목의 낙동강 모습. 저 멀리 정자도 보입니다.

니다. 역사는 대략 610년 정도인데 영천 이씨 안동 입향조인
이헌 선생이 지었다고 합니다. 농암 선생이 이 어른의 후손
이니 이 집에서 태어난 셈입니다. 농암 선생이 살던 당시의
퇴락한 이 사랑채 건물을 중수하고 '긍구당'이라는 편액을 붙
였다고 합니다. '긍구'는 직역하면 '옳게 여기고 집을 짓는다'
는 뜻이니 조상의 유업을 길이 잇는 집이 아닌가 싶습니다.
긍구당은 나중에 농암종택의 집 이름이 됐다고 합니다. 당연
히 집안의 크고 작은 일들은 이 긍구당에서 논의되었을 것입
니다. 긍구당 현판 글씨는 당시 명필인 신잠 선생이 썼다고
합니다.

훤히 트인 낙동강 물줄기가 시원스럽게 흐르는 소리가 들립
니다. 단정하게 정비된 농암고택 사랑채에는 '적선積善'이라
는 글귀가 크게 걸려 있습니다. 경로효친사상이 몸에 밴 가
문이 주변 이웃들을 위해 베풀라고 하는 가풍을 유지하고 있
는 듯이 느껴집니다. 갓 복원되어 보이는 사당과 안채와 별
채, 행랑채 등도 옛 모습은 아니지만 원형대로 복원된 긍구
당과 제법 조화를 이루며 내방객을 맞이하고 있습니다. 전
통한옥의 가장 불편한 점인 화장실도 편의를 위해 별도로 마
련해 놓았고, 특히 긍구당은 건물 내에도 화장실을 구비하고
있었습니다.

새로 이건된 마을 앞에는 기암절벽이 있습니다. 이 풍경을
긍구당에서 바라보면 마치 신선이 된 느낌입니다. 특히 비가
온 뒤, 안개나 눈이 내린 뒤의 경치는 말로 다할 수 없을 듯
합니다.

농암고택의 백미로 손꼽히는 사랑채 '긍구당'은 경상북도 유형문화재 제32호로 지정돼 있습니다.

귀먹바위는 농암 선생이 태어난 도산면 분천동에 있는 바위입니다. 이곳에 농암 선생은 자신의 호를 바위에 새기고 스스로를 귀먹바위라 했습니다. 이 바위는 '귀먹바위이색암'으로 불려 전해지고 있습니다. 바위 앞의 큰 강, 상류의 빠른 물살과의 합류, 그리하여 그 물소리가 서로 향응하여 사람들의 귀를 막아버리니, 정녕 '귀먹바위의 이름'은 이로써 유래한 것이 아닐까 싶습니다. 이 호는 농암 선생이 은둔할 때 자신의 호로 삼았으니 참 어울리는 이름이었습니다. 온갖 당쟁으로 조정에서 고초를 당하고 난 뒤 고향으로 돌아와 은둔생활을 했던 농암 선생은 이런 까닭으로 귀먹바위처럼 세상을 살아가는 선비가 되고자 했을 것입니다.

농암 선생은 번민과 회의를 강호문학으로 녹여 내었습니다. 이 문학정신은 17대손인 이성원 박사가 강호문학연구소장으로 있으면서 계승해 오고 있습니다.

'선을 베풀라(積善)'는 가문의 유훈이 걸려 있는 사랑채

고택의 종부와 차 한 잔 하는 영광을 누린 적이 있습니다. 이 자리에서 주변인들은, 종부의 음식을 맛보지 않고서는 농암 고택을 체험했다 할 수 없다며 종부의 음식 솜씨를 칭찬했습니다. 그러나 다만 차 한 잔을 음미하는 것에 만족하고 발길을 돌렸습니다. 다시 몇 번이고 올 요량이었기 때문입니다. 바삐 살아가는 우리 아이들에게 강호문학에 관한 이야기를 들려주고, 물소리 흐르는 농암고택에서의 하룻밤 체험은 분명 색다르리라 봅니다.

1 측면에서 바라본 농암고택 안채
2 최근에 새로 복원한 농암고택 별채

조상들을 위해 제사를 지내는 사당

농암고택

전통고택 체험공간으로, 하룻밤을 머물 수 있는 시설이 완벽하게 갖춰져 있습니다. 직접 음식을 해 먹을 수는 없고 농암고택에서 만드는 식사를 비싸지 않은 가격에 제공받을 수 있습니다. 집 안에서는 전통다도와 탁본, 투호놀이 등 전통놀이를 체험할 수 있습니다. 하룻밤 머물 때는 인터넷이나 전화 예약이 필수입니다.

고택 정보

주소 경상북도 안동시 도산면 가송리 올미재 612번지
전화 (054)843-1202
홈페이지 www.nongam.com

고택 한 바퀴 둘러보기

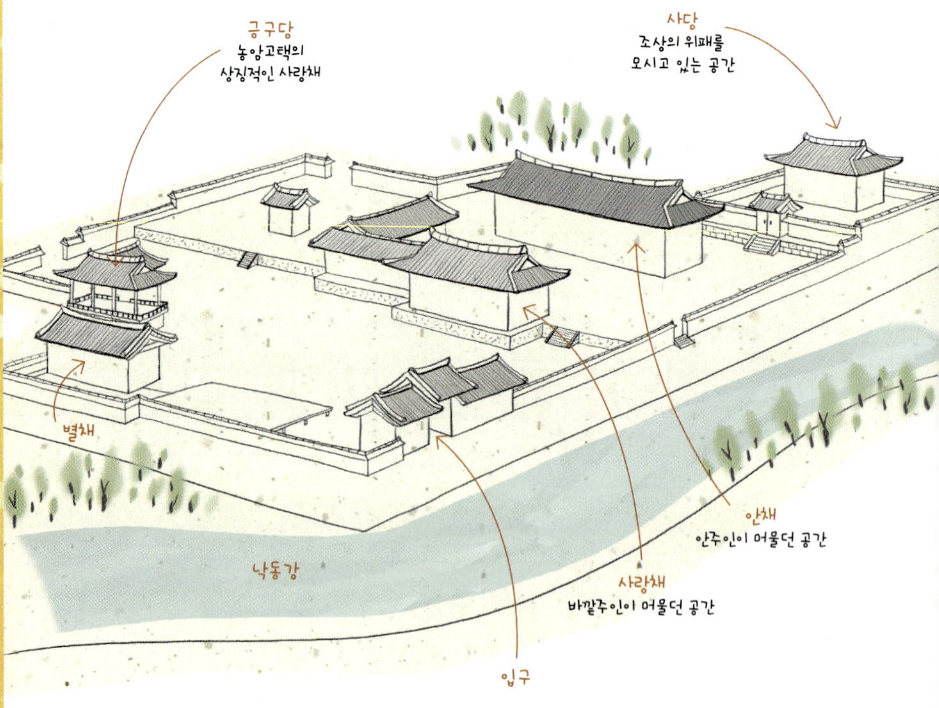

명문가에서의 하룻밤

산사 음악회가 열리는 사찰
청량사

농암고택 위에는 신라 문무왕 3년에 원효대사가 창건했다고 전해지는 천 년 역사의 사찰, 청량사가 자리하고 있습니다. 창건 당시에는 33개의 부속건물을 갖추었던 대사찰이어서, 각 봉우리마다 자리 잡은 암자에서 퍼져나오는 스님들의 독경소리가 청량산을 가득 메웠다고 합니다. 하지만 조선시대 때 불교를 억압하는 주자학자들에 의해 축소되어, 현재는 청량사와 부속건물인 응진전만 남아있습니다.

최근 청량사에서는 산사음악회가 매년 열려 수만 명이 찾는 유명지가 되었습니다. 특히 청량사 앞 금탑봉의 단풍과 나한전의 절경은 전국적으로 유명합니다. 청량사는 유홍준의 〈나의 문화유산답사기〉에서 '아까워서 소개하고 싶지 않은 곳'이라고 할 정도로 비경이 아름답습니다.

주소 경상북도 봉화군 명호면 북곡리
전화 (054)672-1446

한석봉의 친필 현판이 있는 곳
군자리 오천유적지

농암고택에서 안동으로 내려가는 길 좌측에 위치한 군자리 오천유적지는 안동댐 건설로 인해 수몰된 지역의 광산 김씨 예안파 소유의 문화재를 오천리로 이건시켜 조성한 유적지입니다. 이곳에는 한석봉이 현판을 쓴 탁청정(중요민속자료 제226호)을 비롯해 후조당, 읍청정, 설월당, 낙운정, 침락정, 대종택 사랑채 등 총 일곱 채의 사랑채와 정자 등 열한 채의 한옥이 자리잡고 있습니다. 이 가문 출신의 여러 문집, 교지, 호적, 토지 및 노비문서 등이 전시돼 있습니다. 최근에는 일반인들을 위해 개방하고 있으며 예약을 통해 하룻밤 머물 수도 있습니다.

전화 (054)859-0825
홈페이지 www.gunjari.net

논산

명재고택

명재고택의 백미는 사랑채입니다. 이 사랑채는 한 가족만의 생활공간이 아니라 지역 공동체의 공간으로 활용됐습니다. 벼슬에는 나서지 않았지만 명재 선생은 당대를 주름잡았던 학자였으니, 과거 이 사랑채를 넘나들었을 사람들이 얼마나 많았을까 짐작이 됩니다.

明齋古宅 명재고택

관직을 사양한다는 일은 요즘의 상식으로 이해되지 않는 일입니다. 고위 관리들이 임명될 때마다 논란이 되고 있는 도덕성과 윤리성이 도마 위에 올려지고, 거기에 대해 시비를 따지는 광경을 보고 있노라면 한숨이 저절로 나오지요.

충남 논산시 노성면 교촌리에 위치한 명재고택에서 한 생을 살다간 명재 윤증 선생1629~1714의 삶은 이런 시대에 경책을 가합니다. 정치적 소신을 지키기 위해 입신양명을 멀리하고 후학들을 길러 낸 '백의정승'이 명재 선생입니다. 그의 대쪽 같은 선비적 지조는 〈명재유고〉의 장시에 잘 나타나 있습니다.

평생 동안 가난에 여윈 몸 세상을 싫어하여

천석泉石을 사랑하니 하늘이 준 병이로다.

여러 해 전부터 고요한 곳을 찾아

떠나고 싶은 마음 품은 것은

바깥세상에서 가슴 펴고 놀고자 함이다.

고택 옆 연못에서 바라본 명재고택. 연못과 고택이 음양의 조화를 이루고 있습니다.

초야에 평생 묻혀 산 이유는 있었습니다. 동인과 서인으로 나눠지며 시작된 붕당정치가 숙종 때 이르러 노론과 소론으로 나눠지는 과정에서, 스승이자 부친의 절친한 벗이었던 우암 송시열과 숱한 갈등을 겪었기 때문입니다. 또 모친이 강화도에서 자결하고, 병자호란을 맞아 강화성을 사수하던 부친이 평민복 차림으로 도망쳐야 했던 불행한 사연들이 있었습니다.

이런 연유로 명재 선생은 나랏일에 끝없는 관심을 보이면서도 끝내 관직에 나서지 않았습니다. 마지막까지 임금은 우의정이라는 높은 벼슬을 천거하지만 14번의 상소를 올리며 벼슬을 마다했습니다. 올곧고 지조 있는 선비정신을 고택체험을 통해 자녀들에게 일깨워주는 것도 명문가로부터 배우는 큰 교훈이 될 것입니다.

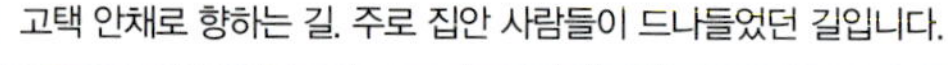
고택 안채로 향하는 길. 주로 집안 사람들이 드나들었던 길입니다.

명문가에서의 하룻밤

학문을 배우고 익히는 데 소홀하지 않으나, 자신이 나서야
할 곳에 나서고, 나서지 않아야 할 곳에 나서지 않는 명재 선
생의 처세술은 많은 교훈을 남기고 있습니다. 벼슬에는 나
가지 않았지만 수많은 후학을 길러내 초야의 큰 선비로 남은
명재 선생의 명성은 진정 우리시대 지도자들이 갖춰야 할 자
격임을 300여 년이 지난 지금도 잘 알 수 있습니다. 명재고
택은 중요민속자료 제190호로 지정돼 있습니다.

송시열과 대립한 소론파의 큰 별

명재고택에 들어서면서 격랑의 시대가 파노라마처럼
지나갑니다. 17세기 말 숙종 대의 집권세력은 서인들이었습
니다. 이들 가운데 송시열, 박세채, 윤증은 서인 중에서도 가
장 영향력이 큰 학자와 정치가들이었습니다. 굳이 서열을 정
한다면 송시열이 으뜸이었고 윤증은 초야에 묻혀 있지만 무
시할 수 없는 선비였습니다.

숙종은 집권 8년1682이 되던 해 윤증에게 나랏일을 봐줄 것
을 권합니다. 이에 명재 선생은 한양으로 향하던 중 부친의
제자가 살던 과천에 잠시 머물며 다양한 정치를 구상합니다.
명재 선생이 과천에 머물며 한양으로 등극하지 않자 이미 나
랏일에 몸담고 있던 박세채가 과천으로 내려와 의중을 묻습
니다.

"왜 전하의 부름을 받고도 한양에 당도하지 않는 겁니까?"

"나는 현재의 조정 돌아가는 사정이 너무나 참담하게 느껴
지오. 그래서 조정에 다음과 같은 세 가지 조건을 제시할 것
이오. 이 조건이 받아들여지지 않는다면 조정에 나가지 않을

거외다."

이 자리에서 명재 선생은 첫째, 남인과 화해하고 둘째, 척신 세력들을 제거하고 셋째, 파벌과 당파를 초월한 인재등용을 요구했지요. 함께 자리를 했던 박세채는 "참으로 지당한 말씀이오나 이 일을 처리할 수 있는 어른은 우암송시열 대감밖에 없을 듯 합니다"라며 돌아갔다고 합니다.

명재 선생의 제안은 파격적이었지만 조정에 나가 있는 기득권 세력들에게는 받아들여질 수 없는 조건이었습니다. 남인들과의 화해는 곧 서인들의 재집권 과정에서 무수히 희생당한 남인들의 원한을 풀어주어야 했기 때문입니다. 임술년의 거짓 진술로 남인들을 대량 숙청당하게 했던 김익훈을 처벌해야 했지만 송시열은 그를 옹호하고 있었습니다.

척신 제거 문제에 있어서도 숙종의 외삼촌 김석주, 장인 김만기, 인현왕후의 삼촌 민정중은 왕의 종친과 외척이었습니다. 이중 김석주와 김만기는 서인들로, 경신환국을 주모한 인물이었습니다. 고른 인재등용은 송시열이 주도하는 서인 세력의 편협한 인재등용 방식을 고쳐 남인과 서인을 고루 등용하여 일당집권체제를 끝내자는 것인데, 당시 서인들의 수장 역할을 했던 우암은 이 세 가지 조건을 모두 받아들일 수

경신환국과 임술고변

숙종 6년째인 1680년에 남인 영의정 허적(許積)의 잔치연에 궁중의 기름 먹힌 천막을 임의로 가져간 사건이 발생합니다. 이로 인해 남인들이 대거 숙청당하고 서인들이 득세하게 되지요. 또한 숙종 즉위 8년째인 1682년에 재집권한 서인들이 남인들을 철저하게 응징해 재기를 막으려 했는데, 임술년에 3건의 반역행위를 고발한 일이 발생했기에 '임술고변'이라고 부릅니다. 이 사건의 목표는 남인의 재기 기반을 완전히 무너뜨리는 계기가 됐습니다.

명문가에서의 하룻밤 ● ●

명재고택 우측 언덕에 서 있는 느티나무 고목.
고택과 비슷한 나이를 먹은 이 느티나무는
지금도 고스란히 자리를 지키고 있습니다.

없었습니다. 결국 명재 선생은 발길을 고향으로 돌리고 평생 관직에 나서지 않았습니다.

같은 서인이면서 스승이자 부친의 친구였던 송시열과의 결별은 부친의 사망으로 비문을 부탁했을 때였다고 합니다. 명재 선생은 부친의 사망에 당시 권세를 누리고 있던 우암 선생에게 비문을 청탁했지만 거부당하면서 더욱 노론과 소론으로 갈라지는 결정적 계기를 맞이합니다. 결국 서인 세력은 송시열 중심의 집권 보수세력인 노론과 범야권의 개혁세력이었던 소론으로 붕당을 하기에 이릅니다. 노론은 당시 집권세력인 송시열, 김석주, 김만기, 민정중, 김익훈, 김수항, 이이명 등이었으며 소론은 명재 선생을 비롯해 과천에서 출사행렬을 맞았던 박세채, 남구만, 임영, 박태보, 조지겸 등이었습니다.

노론과 소론은 외교정책에서도 큰 차이를 보였습니다. 노론은 보수적인 집권당답게 명나라와 외교를 맺고 있음을 중시해 친명외교를 추구했고, 소론은 변화하는 국제정세에 맞게 청나라와도 교역을 주장하는 실리외교를 주장했습니다.

명재 선생은 죽을 때 유언에까지 '작은 선비로 살다 갔다고 전하라.'고 당부했을 만큼 청빈한 선비로 살았습니다. 재야의 선비로 산 그이지만 초야에서 풍류를 즐기며 유유자적하는 선비로 살지는 않았지요. 끝없이 조정에 상소문을 올리며 왜곡된 정치현실을 타개하려 했습니다. 또한 후학들을 배출해 42명의 과거 급제자를 내기도 했습니다. 그 중심이 윤씨 집안이 세운 사립학교 '종학당'입니다. 명재 선생은 종학당에서 배움에 차별을 두지 않았습니다. 그래서 중인의 자제들에게도 가르침을 주었습니다. 이러한 가르침은 조선시대와 같은 철저한 신분제 사회에서 개혁적인 일이 아닐 수 없었습니다.

고택 곳곳에 밴 단호한 선비정신

고택에 들어서니 담장 없는 고택구조가 포용력 넓은 선비의 기품을 느끼게 해줍니다. 사랑채가 배꼽처럼 튀어 나온 듯 서 있습니다. 추녀 끝이 약간 하늘로 치켜 올라있어 아담하면서도 미려한 목조건물의 정취가 느껴집니다. 여자들이 사는 안채에만 보호 차원에서 담장이 있을 뿐 사랑채 앞 넓은 마당에는 담벽이 설치되어 있지 않습니다. 대문과 담장 없이 사랑채에 곧바로 들어갈 수 있는 구조는 우리나라 고택에서 매우 희귀합니다. 이는 명재 선생이 세상을 향해 한 점 부끄러움 없이 살았음을 보여주는 증거입니다.

명재고택에서 내려오는 재미있는 이야기가 한 가지 더 있습니다. 노성리 윤씨들이 동네 사람들의 원망을 산 일이 있었습니다. 원인은 양잠에 필요한 뽕잎을 양반가인 윤씨들이 절취했기 때문입니다. 이로 인해 이웃이 누에를 못 치는 지경에 이르자 윤씨 가문을 원망하기 시작했습니다. 이를 알게 된 명재 선생은 단호한 결정을 내렸지요.

"선대부터 우리 가문은 이곳 노성리에 백 년이 넘도록 살아왔지만 남에게 원망 한 번 듣지 않았다. 이유는 남에게 조그마한 피해도 주지 않았기 때문이다. 윤씨 집안에선 주민들의 원망의 씨앗이 된 양잠을 지금부터 일체 금지한다."

명재고택 사랑채. 작고 아담하지만 높은 기단에 팔작지붕
형식으로 세워 아름다운 건축미를 자랑합니다.

명문가에서의 하룻밤

1 명재고택 사당. 사랑채와 안채를 거쳐 오를 수 있습니다.
2 사랑채 내부 모습. 크고 작은 목재를 적재적소에 활용해 지었습니다.

권세 있는 양반가지만 힘 없는 사람들의 원성을 산다는 것을 부담스럽게 여긴 명재 선생의 오롯한 선비정신을 엿보게 하는 대목입니다.

13세손 윤완식 선생이 효 정신 계승

명재고택의 백미는 사랑채입니다. 여느 고택구조와는 달리 앞으로 나가 기단을 쌓고 그 위에 집을 지어 외부에 자신감을 드러내고 있습니다. 사랑채는 한 가족만의 생활공간이 아니라 지역 공동체의 공간으로 활용됐습니다. 벼슬에는 나서지 않았지만 명재 선생은 당대를 주름잡았던 학자였으니, 이 사랑채를 넘나들었을 사람들이 얼마나 많았을까 짐작이 됩니다. 높이 들어올린 누마루는 시원스레 밖의 경치를 볼 수 있게 돼 있어 호방하고 지조 있는 선비의 품성이 집 구조에 녹아 있습니다. 지붕은 팔작지붕입니다. 삼각형 모양의 합각이 있는 지붕을 팔작지붕이라고 합니다. 팔작지붕은 위계가 높은 건물에 많이 쓰였습니다. 위용을 갖추면서도 자신

고택 우측 언덕에 위치한 찻집의 장승. 고택을 지켜주는
수호신 역할을 하고 있습니다.

의 집을 찾는 사람들에게 차별을 두지 않은 정신이 사랑채
의 집 구조에 담겨 있는 듯합니다.

300년이 넘은 명재고택을 지키는 사람은 13세손인 윤완
식 선생입니다. 고택을 관광자원화하기 위한 대열에 합류
한 후손들이 문살에 창호지를 바르고 손님을 맞이할 준비
를 갖춰, 인터넷으로 예약하면 하룻밤을 보낼 수 있게 됐
습니다. 이제 고택을 찾는 사람들의 수요에 의해 주말마다
사랑채에는 불이 밝혀지고 있습니다.

명재고택 옆 넓은 밭에는 야생에서 자라는 구절초를 재배
해 명재고택을 찾는 사람들에게 맛있는 차를 선물하고 있

명문가에서의 하룻밤

습니다. 구절초차와 함께 흰 연꽃인 백련에 녹차를 결합해 만든 백련차를 시음할 수 있는 체험도 할 수 있습니다. 그리고 명재고택은 묵은 간장독에 햇장을 첨가해 장을 담는 '전독간장'이 유명합니다. 이 200년이 넘는 전통의 현장을 눈앞에서 보는 재미도 클 것입니다.

명재고택 찻집에서 판매하는
차와 메뉴판

논산 **명재고택**

명재고택

인터넷 홈페이지를 통해 예약하면 숙박과 식사를 할 수 있습니다. 사전에 전화를 해도 됩니다. 윤씨 가문에서 준비하는 맛있는 식사와 고택 앞에 마련돼 있는 찻집에서 구절초차와 백련차를 한 잔 곁들인다면 전통고택체험의 효과를 더해줄 듯합니다.

명재고택과 나란히 서 있는 노성향교도 함께 둘러볼 만합니다. 이 향교는 조선 말 교육기관으로서의 역할을 맡아왔습니다.

고택 정보

가는 방법 경부선을 타고 천안논산고속도로로 진입한다. 정안나들목에서 논산 방면으로 40km를 가면 노성면이 나오는데, 노성 중학교를 찾아 우회전하면 명재고택이 있다. 호남권에서는 호남고속도로를 거쳐 천안논산고속도로를 통해 들어올 수 있다.

주소 충청남도 논산시 노성면 교촌리 306번지

전화 (041)736-0078

홈페이지 www.myeongjae.com

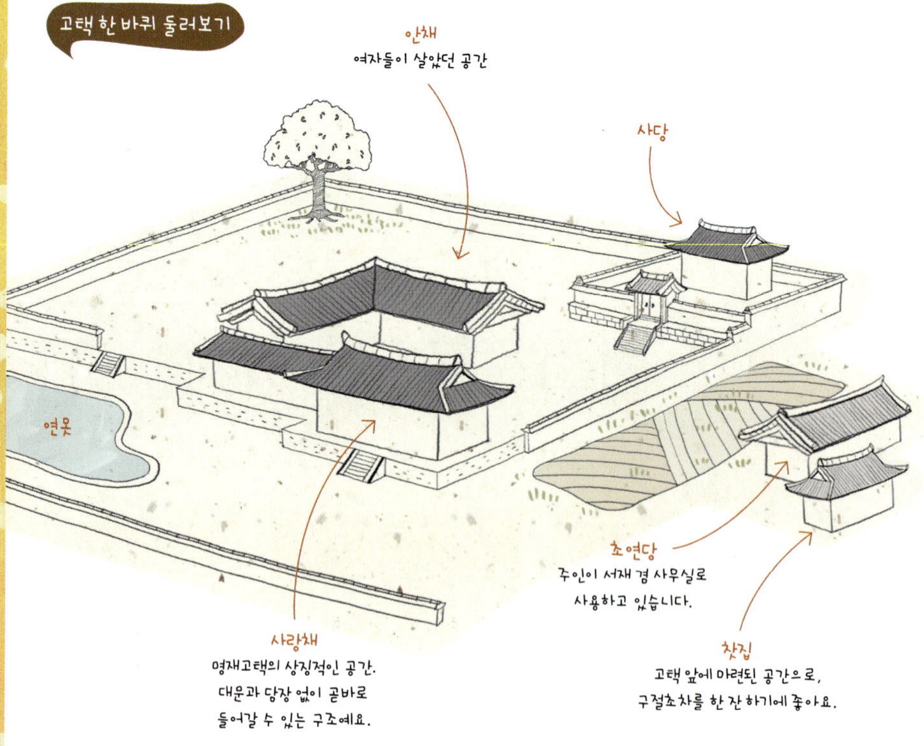

조선시대의 사학기관
노성향교

조선 말 1878년(조선 고종 15년)에 공자의 위패를 봉안하고 지방민을 교화할 목적으로 창건되었지요. 1967년과 1975년 두 차례에 걸쳐 중수되었다고 합니다. 조선시대에는 토지와 전적과 노비를 지급받아 경비를 마련해, 교육기관으로서의 역할을 맡아왔습니다. 노성향교는 특이하게 봄 · 가을에 석존제를 봉행하며 초하루 · 보름에도 분향을 합니다. 부처님께 제사를 지낸 독특한 풍습은 불교가 조선시대에도 향리들에 의해 신봉되었던 모습을 보여주는 증거가 아닌가 싶습니다.

주소 충청남도 논산시 노성면 교촌리

화엄종 10대 사찰
공주 갑사

가을 정취가 으뜸으로, 봄과 여름, 겨울 정취도 더할 나위 없이 좋습니다. 갑사는 백제시대 아도화상이 처음 창건했다고 전해집니다. 이후 신라로 넘어가 의상대사가 충창하면서 지금의 갑사라는 이름으로 화엄 10찰 중의 한 곳이 되었습니다. 갑사에 가면 꼭 소의 공덕을 기리는 공우탑을 돌아보길 권합니다. 백제 비류왕 때 암자를 건립하는 불사가 있었는데, 많은 자재를 운반하는 데 소의 힘을 빌리지 않을 수 없었답니다. 그런데 자재를 운반하던 소가 다리를 건너다가 죽고 말았지요. 그래서 죽은 소를 기리기 위해 탑을 건립했다고 합니다. 1,500년의 세월이 지났지만 탑은 아직도 푸른 이끼를 두르고 대중들을 맞이하고 있습니다. 아마 그때 죽은 소는 분명 사람으로 환생하여 갑사의 스님이 되어 불법을 널리 전했을 것이라 여겨집니다.

갑사에서는 매년 음력 초삼일, 사찰입구에서 마을 사람들과 함께 1,600년이 된 나무에 제사를 지내기도 합니다. 또한 갑사에는 템플스테이 프로그램이 마련돼 산사에서의 하룻밤을 경험할 수 있습니다.

주소 충청남도 공주시 계룡면 중장리 52번지
전화 (041)857-8981

영주

무섬마을

유유히 흐르는 내성천은 말이 없습니다. 영주댐 건설로 인해 무섬마을 앞에 흐르는 강물의 수량도 점차 줄어들 것입니다. 그러면 맑은 물과 금모래가 출렁이는 모래사장도 줄어들게 될 것입니다. 이에 대한 마을 주민들의 우려가 단순히 우려만으로 끝나길 바라며, 역사와 전통이 흐르는 마을이 더욱 잘 보존돼 많은 사람들의 산 교육장으로 활용되고 휴식처가 되기를 기대해 봅니다.

水島里 _{무섬마을}

'물섬'으로 불리던 마을. 말이 닳아 '무섬'이 되었습니다. 경북 영주시 문수면 수도리에 위치한 무섬마을은 육지 가운데 섬이 형성돼 있습니다. 마치 물이 마을을 휘돌아 감고 있어 어떻게 이런 곳에 섬이 있을 수 있을까 하는 탄성이 나올 정도입니다.

경북 북부지역, 특히 낙동강과 낙동강 지류를 형성하고 있는 곳에는 무섬마을과 같은 물돌이마을이 몇 곳 더 있습니다. 무섬마을과 인근한 예천 의성포, 널리 알려져 있는 안동 하회마을이 그렇습니다. '물이 돌아간다'는 의미에서 '하회河回'마을이라 불렀을 것입니다.

마을을 감싸고 도는 물은 낙동강 지류인 내성천입니다. 내성천은 이 무섬마을에서 두 지류가 합해집니다. 예전부터 마을 사람들은 영주에서 흐르는 물을 '서천'이라 했고, 평은 쪽에서 흘러내리는 물은 '동천'이라 했습니다. 이 동천이 내성천의 본류입니다.

국가지정문화재로 지정돼 대대적인 정비를 마친 무섬마을 전경

무섬마을 앞산에 올라가 마을을 내려다보면 첩첩 산줄기가 날개를 펴서 마을을 감싸고 있는 것을 볼 수 있습니다. 풍수지리를 모르는 사람일지라도 마을 생김새가 범상치 않음을 단번에 느낄 수 있습니다. 학가산으로 이어지는 마을 뒷산은 태백산 줄기요, 마을 앞산은 소백산 줄기입니다. 마치 커다란 매화나무 가지에 꽃이 벙글어지는 형국인 매화낙지형梅花落地形입니다. 또 물 위에 연꽃이 겹겹이 핀 연화복수형蓮花複水形 지형이라고도 부릅니다. 마을의 하류 지역 일부는 경작지로 이용 중이며, 그 너머에는 8,000여 평 이상의 자연 모래사장에서 금모래와 은모래가 사시사철 반짝입니다.

마을이 형성된 시기는 조선 중기입니다. 반남 박씨가 이곳에 터를 잡고 살기 시작하면서부터입니다. 이들은 예안 김씨성선 김씨라고도 함와 혼인을 맺어 300여 년을 살아왔습니다. 조선시대의 전형적인 양반가를 이룬 무섬마을은 모두 50여 가구 중에 100년이 넘는 고택만도 16동이나 됩니다. 대표적인 고택으로는 마을 입구에 위치한 예안 김씨 집안의 해우당

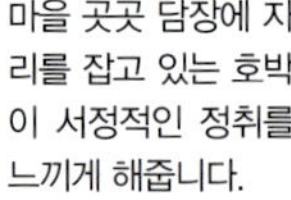
마을 곳곳 담장에 자리를 잡고 있는 호박이 서정적인 정취를 느끼게 해줍니다.

과 반남 박씨의 입향조가 세운 만죽재가 있습니다. 또 고종 때 병조참판을 지냈던 박재연의 고택을 비롯해 민속자료와 문화재 자료로 지정된 곳만 9동이나 됩니다. 고택 대부분이 서남향으로 지어졌으며, 물이 돌아가는 서쪽 안쪽이어서 산맥의 정기를 고스란히 이어받고 있습니다. 그래서 이 마을은 해가 뜰 때보다 질 때 더욱 아름다운 경치가 연출됩니다.

박제연 선생 고택의 대청마루에는 당시 교분이 두터웠던 실학자 박규수 선생이 세상을 떠나기 1년 전 가을에 선물한 현판이 붙어 있습니다. 현판에는 양반은 물론 농투성이 일꾼들과도 허물없이 술잔을 함께 나눴다는 그의 실학정신과 선비정신이 오롯이 담겨 있습니다.

마을을 감아도는 물길 때문에 생긴 외나무 다리. 과거에는 이 길만이 유일한 교통 통로였습니다.

어렵게 살아왔던 섬마을 사람들

무섬마을 앞은 중앙선 철도가 지나갑니다. 과거에는 이곳에 간이역인 승문역이 있었지만 지금은 사라지고 흔적만 남았습니다. 문수면과 평은면에 사는 아이들은 영주시내

박규수

연암 박지원의 손자로, 고위 관직을 거쳤습니다. 1866년 평안도 관찰사로 있을 때 미국 상선 제너럴셔먼호가 대동강에 들어와 정박하려 하자, 군사를 동원해 이를 불살라 버렸습니다. 이 사건을 계기로 흥선대원군의 총애를 받아 우의정에 오르기도 했으며, 이후 곧바로 판중추부사(부총리급)로 조정일을 옆에서 도왔습니다.

1871년에는 신미양요라는 홍역도 치러야 했는데, 반면 그의 꾸준한 개화사상에 대한 의지는 흥선대원군의 쇄국정책과 다른 노선을 걷기도 했습니다. 1875년 운양호 사건이 일어나면서 일본이 수교를 요구해 오자, 수교를 주장하며 강화도 조약을 맺게 하기도 했습니다.

박규수 선생은 쇄국정책의 백해무익함을 깨닫고 실리를 추구하는 실학자의 결연한 의지를 보여준 학자입니다. 그의 측근에는 언제나 실학파 동지인 박제연 선생이 있었으며, 그가 말년에 박제연 선생에게 선물한 현판은 아직도 무섬마을에 걸려 있습니다.

 모래강으로 유명한 내성천에 지천으로 피어 있는 코스모스

에 있는 중학교에 다니면서 이 역에서 통근 열차를 타고 다녔습니다. 버스도 다니기 어려웠던 도로 사정이니 기차가 제격이었지요. 또한 동네 사람 대부분이 영주 5일장을 비롯해 시내에 볼일이 있을 때 이곳에서 기차를 이용했습니다.

마을에 다리가 놓인 때는 1983년. 그 전까지 겨울이면 섶다리를 세 개씩 놓고 오갔고 봄이면 다시 거둬들였습니다. 마을 앞 논다리, 술도가로 이어지는 도가다리, 내성천과 서천이 합쳐지는 지점에 합수다리가 있었습니다. 물이 줄면 고삐를 세게 잡고 누렁소를 몰며 달구지를 끌고 다니던 기억은 마을 사람들에게 오롯하게 남아 있습니다. 그 어려웠던 기억은 이제 높다랗게 만들어진 다리에 의해 사라지고, 추억의 외나무다리는 매년 10월에 열리는 마을 축제의 도구로 자리 잡았습니다.

양반가라고는 하지만 이렇게 교통이 불편한 곳에서 생활하기란 그리 쉬운 일은 아니었을 듯합니다. 과거에는 마을에 우물도 없었습니다. 마을 바닥이 모래로 만들어져 있어 파고 내려가면 무너져 버렸기 때문입니다. 그래서 마을 앞에 모래를 파서 돌멩이를 쌓아놓고 물을 길어서 먹었습니다. 이런 우물도 이제는 문화축제에서 하나의 볼거리로 등장하고 있으니, 세월이 참 많이 변했음을 새삼 느낍니다.

1 추위를 이기기 위해 지어진 까치구멍집
2 청록파 시인인 조지훈의 처가였던 김뢰진 고택
3 조선 말기 실학파 중 한 명이었던 오헌 박규수 선생의 생가, 오헌고택

명문가에서의 하룻밤

　　　무섬마을의 또 다른 볼거리는 '까치구멍'이라 불리는 독특한 가옥구조입니다. 이 집은 경북지방의 여타 집 구조와 달리 서울식 'ㅁ'자 형 주택이라는 것도 독특합니다. 산간지역이라 겨울철 추위에 적응하기 위해서였습니다. 구릉지대에 마을이 형성된 이곳에서는 대개 밖에 울타리가 있고, 대문을 열고 들어가면 바로 앞 우측에 아궁이가 보입니다. 그리고 좌측에는 소를 키우는 마굿간을 만들고, 대청마루를 부엌과 마굿간 사이에 설계했습니다.

　까치구멍집의 모든 일은 대문을 열고 들어가 내부 공간에서 할 수 있도록 만들어졌습니다. 중심공간은 부엌으로, 이 지역에서는 '정지'라고 불렀습니다. 부엌에는 몇 개의 무쇠 솥이 걸리고, 나무로 짠 큰 찬장이 걸렸습니다. 마굿간에는 소 여물을 삶아내는 큰 무쇠솥이 걸리고 구유나무로 된 큰 그릇으로 소가 이곳에서 밥을 먹는다.가 있습니다. 농경사회에서 많은 농삿일을 하던 소가 중요한 자원이었던 만큼 사람과 소가 한가족처럼 여겨졌던 상황을 엿볼 수 있습니다.

아궁이에 불을 때면 연기가 나기 마련입니다. 그러면 이 연기는 양쪽에 뚫어 놓은 까치구멍을 통해 빠져 나갑니다. 집 공간이 넓어 불을 때면 열기가 구멍으로 다 빠져 나가는 데 한참이 걸렸는데, 겨울철에는 보온효과가 큽니다. 이 모두가 선조들이 삶 속에서 터득한 지혜가 아닌가 싶습니다.

새마을운동을 거치면서 초가집이 사라지고, 사라진 가옥구조는 이제 볼거리가 되었습니다. 까치구멍 가옥은 이제 실용성을 떠나 조상들의 지혜를 엿보는 교육자료로만 남아 있습니다.

시인 조지훈이 장가들었던 처가도 유명합니다. 조지훈은 1920년 8월 영양 주실마을에서 무섬마을 김성규 선생의 딸과 결혼을 치릅니다. 당시의 결혼풍습에 따라 혼례를 치렀을 것이며, 첫날밤을 김뢰진 고택에서 보냈을 것으로 추측됩니다. 또 시인이 무섬마을에서 썼다는 시 '별리別離'가 전해지고 있습니다.

푸른 기와 이끼 낀 지붕 너머로
나즉히 흰구름은 피었다 지고
두리기둥 난간에 반만 숨은 색시의
초록 저고리 다홍치마 자락에
말 없는 슬픔이 쌓여 오느니-

십리라 푸른 강물은 휘돌아 가는데
밟고 간 자취는 바람이 밀어 가고

방울 소리만 아련히
끊질 듯 끊질 듯 고운 메아리

발 돋우고 눈 들어 아득한 연봉連峰을 바라보나
이미 어진 선비의 그림자는 없어……
자주 고름에 소리 없이 맺히는 이슬방울

이제 임이 가시고 가을이 오면

1 반남 박씨의 입향조가 세운 고택인 만죽재. 무섬마을의 기원이 되는 집입니다.
2 측면에서 바라본 만죽재 모습

1

1 마을 중앙에 자리하고 있는 해우
당. 선성 김씨 입향조의 셋째 손
자인 김영각 선생이 세운 건물입
니다.
2 해우당 측면 모습으로, 조선 고
종 때 의금부도사를 지낸 후손
김낙풍 선생이 중수했다고 전해
집니다.

2

원앙침鴛鴦枕 비인 자리를 무엇으로 가리울꼬

꾀꼬리 노래하던 실버들 가지
꺾어서 채찍 삼고 가옵신 님아……

명문가문을 이어 온 무섬마을에서는 지금까지 많은 인재가
배출됐습니다. 시골이라 어려운 살림살이였지만 자식교육에
대한 열의는 그 어느 가문보다 높았기 때문으로 추측됩니다.
이들 대부분은 나이가 들면 고향으로 내려와 여생을 보냅니
다. 무섬마을보존회장을 맡고 있는 김한직 씨도 그런 사람
가운데 한 명이었습니다.
"어릴 땐 고향을 떠났지만 이제는 뼈를 묻으러 왔습니다. 마
을보존사업이 활성화되면서 관광객들도 늘어나 생활하는 데
불편하지만, 그래도 전통 있는 우리 마을을 체험하기 위해
온 사람들이니 반갑게 맞이해야지요."
무섬마을은 마을사람들 모두가 마을보존에 나서, 불과 5년
전까지만 해도 썰렁했던 곳을 이제는 방문객이 붐비는 곳으
로 만들었습니다. 혹여나 일어날지 모르는 불화를 미연에 방
지하기 위해 2003년에는 박씨와 김씨 가문의 합의하에 '무
섬마을 헌장'을 만드는 지혜도 발휘했습니다. 그 문구는 무
섬마을로 들어가는 다리를 건너면 들머리에 서 있습니다.
한적한 시골마을이지만 무섬마을에는 체험관이 마련돼
80~100명의 대인원이 숙박을 할 수도 있습니다. 여기에는
현대식 화장실과 샤워시설, 족구장 등이 갖추어져 있으며 도
자기, 염색체험, 사군자체험 등 다양한 체험프로그램들도 준

비돼 있습니다. 기업체 단체연수, 청소년 캠프, 각종 전시회, 문화행사 개최도 종종 이루어집니다.

유유히 흐르는 내성천은 말이 없습니다. 영주댐 건설로 인해 무섬마을 앞에 흐르는 강물의 수량도 점차 줄어들 것입니다. 그러면 맑은 물과 금모래가 출렁이는 모래사장도 줄어들게 될 것입니다. 이에 대한 마을 주민들의 우려가 단순히 우려만으로 끝나길 바라며, 역사와 전통이 흐르는 마을이 더욱 잘 보존돼 많은 사람들의 산 교육장으로 활용되고 휴식처가 되기를 기대해 봅니다.

1 마을에서 공동으로 운영하는 식당
2 모래땅에서 생산된 땅콩을 갈무리 하고 있는 마을 주민들

명문가에서의 하룻밤

무섬마을과 실학사상

한가하게 물굽이가 돌아가는 영주 무섬마을에도 조선 후기 실학사상에 심취해 백성을 위해 일한 실학파가 있었으니, 바로 박제연 선생입니다. 무섬마을에서 태어난 그는 어린 시절부터 뛰어난 총기로 두각을 나타냈습니다.

일찍이 과거에 나가 관직에 오를 수 있었으나 그의 부친은 때를 보고 있었습니다. 당시에는 소년 등과하면 화를 당하는 일이 많았기 때문입니다. 부친은 그를 조정에 내보내는 대신 인근의 사찰인 진월사에서 마음을 수양할 수 있도록 했습니다.

"모든 일은 때가 있는 법. 일찍 조정에 나가기보다 먼저 자기 내면을 돌아보며 기다리거라."

박제연 선생은 진월사에 머물면서 틈틈이 학문을 익히고, 주지 스님으로부터 세상 돌아가는 이치를 배웠습니다. 당시는 서구열강이 조선을 넘보고 있던 시기였는데, 중국으로부터 들어오는 신문물은 그에게 새로운 세계에 대한 궁금증으로 이어지기도 했습니다.

그의 나이가 서른이 넘어서자 부친은 과거시험을 보게 해, 서른넷이 되던 1840년 드디어 문과에 급제합니다. 관직에 대한 욕심이 없고 청빈한 삶을 살아온 터라 고위관직에는 오르지 못했지만 일가인 실학자 박규수 선생과 깊게 교류했습니다.

48여 년 동안 조정에 나가 일했지만 자신을 뚜렷이 내세우지 않고 청빈한 삶을 살았으며, 박규수 선생을 도와 실학파의 일원으로서 새로운 시대를 준비했던 박제연 선생. 그의 보이지 않는 노력이 있었기에 우리나라의 개화가 앞당겨졌고, 지금 우리가 누리는 풍요의 시대도 그만큼 일찍 오지 않았나 하는 생각이 듭니다.

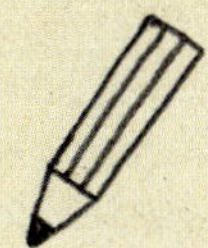

무섬마을

무섬마을은 문화재로 지정돼 있는 만죽재와 해우당 그리고 박제연 선생 고택, 김뢰진 고택을 개방하고 있으며 마을의 20여 채에서 고택체험을 할 수 있습니다. 또한 무섬마을은 한글 홈페이지를 열어 고택체험 관련 업무를 총괄하고 있습니다. 2012년에는 국가지정 중요민속마을로 뽑히는 경사를 맞기도 했습니다.

마을 정보

가는 방법 기차 이용 시 영주역에 내려 택시를 타면 1만원 선에서 갈 수 있다. 자가용 이용 시에는 중앙 고속도로를 타고 영주 인터체인지를 돌면 우측으로 문수면으로 가는 이정표가 보인다.

주소 경상북도 영주시 문수면 수도리 209번지

전화 (054)634-0040

홈페이지 www.무섬마을.com

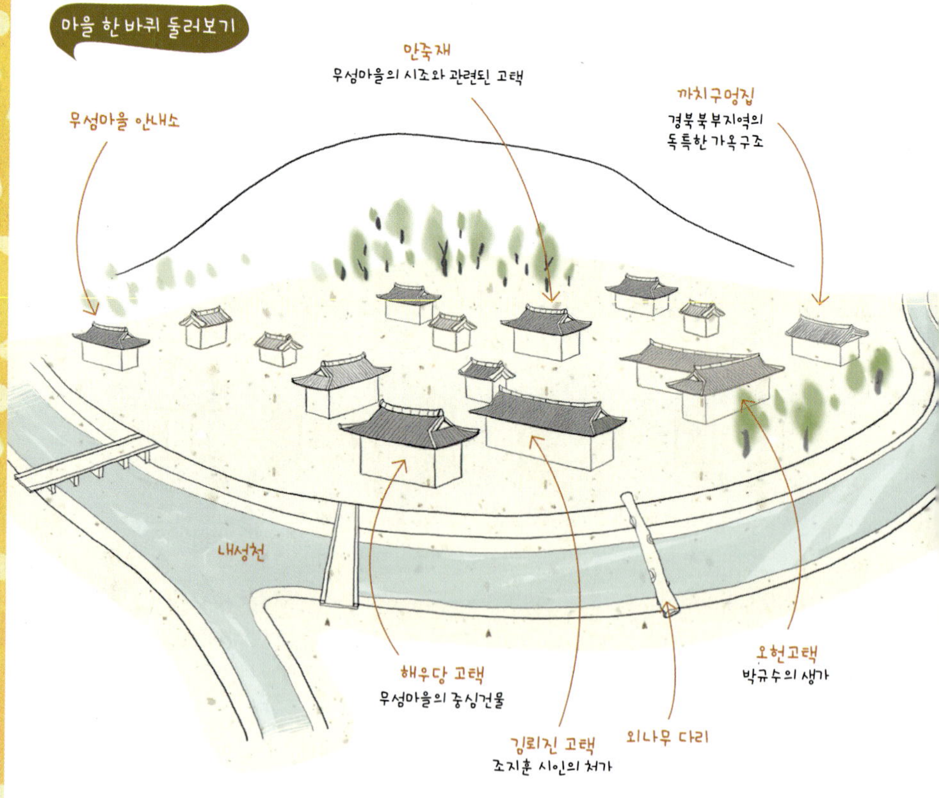

명문가에서의 하룻밤

추억의 간이 기차역
승문역과 문수역

승용차가 주요 교통수단이 된 요즘, 아이들에게 간이역은 너무 생소한 말이 됐습니다. 무섬마을 사람들이 오가며 기차를 탔던 승문역은 이제 사라졌고, 문수역 역시 물류수송을 위해 기차들이 서로 교차할 때 피해가는 기착지 정도의 역할을 할 뿐입니다.

이제는 추억으로 남은 간이역에 들러 어린 시절의 추억을 아이들에게 이야기해 준다면, 아이와 부모 사이의 간격의 폭이 줄어들 것입니다.

주소 경상북도 영주시 문수면 만방리 441번지(문수역), 경상북도 영주시 문수면 문평로 261번지(승문역)

우리나라 사람들이 제일 좋아하는 사찰
부석사

부석사는 국내에서 가장 오래된 목조건물로 손꼽힙니다. 또한 자연과 어우러진 주변 강과 풍경이 너무나 아름답고 편안해 우리나라 사람들이 제일 좋아하는 사찰이기도 합니다.

부석사는 신라 문무왕 때 의상 스님이 창건한 절로, 의상스님과 '선묘'라는 한 여인의 사랑 이야기가 그 창건 설화로서 전해지고 있습니다. 의상스님이 당나라에서 유학을 마친 뒤 배를 타고 신라로 떠나자, 선묘가 바다에 몸을 던져 한 마리의 큰 용이 되어 호위했다는 이야기는 애절하기까지 합니다.

주소 경상북도 영주시 부석면 북지리 148번지
전화 054-633-3464

송소고택

송소고택은 시간이 머문 마을입니다. 언제 찾아가도 고풍스런 옛집과 아름다운 자연을 체험할 수 있는 덕천마을. 그리고 그곳에 송소고택이 있어 여행자들의 마음을 설레게 합니다.

松韶古宅 송소고택

　　송소고택은 일명 '덕천동 심부자댁'으로 불리는 고택입니다. 송소고택은 조선시대 영조 때 만석의 부를 누린 심처대의 7대손인 송소 심호택 선생이 호박골에서 조상의 본거지인 덕천동으로 옮기면서 1880년에 지었다고 전해집니다.

청송 송소고택의 주인인 심원부 선생 가문은 벼슬을 하지 않았지만 조선시대 때 큰 부를 일구어 지내왔는데, 조선 영조 때 심원부 선생의 10대 후손인 심처대 선생이 자비심을 베푼 것이 계기가 되었습니다.

심처대 선생은 엄동설한에 봉아라는 하인을 데리고 큰집에서 제사를 지내고 돌아오는 길에 눈 속에서 신음하는 스님을 만났습니다. 그는 기아와 추위에 얼어 죽을 지경에 이른 스님을 하인의 지게 위에 모시고 와 3일 밤낮으로 간호해 살렸습니다.

고택 입구에서 바라본 행랑채의 모습(왼쪽)과 별채에서 바라본 행랑채의 모습(오른쪽). 뒷산에 봄꽃이 만개해 있습니다.

행랑채를 지나 송소고택 안채로 들어가는 입구.
귀엽게 생긴 삽살개 두 마리가 한가하게 놀고 있습니다.

명문가에서의 하룻밤

깨어난 스님은 자신을 구해준 이들에게 뭔가를 해야 할 것 같았습니다.

"소승은 가진 게 없는 부처님의 제자라서 가진 게 없습니다. 재물로는 목숨을 살려준 데 보답할 길이 없으니 제가 가진 조그마한 재능을 보시할까 합니다. 장차 이 집안에 초상이 날 것 같으니 산소 터를 봐 드리겠습니다."

그 후 딱 보름 만에 부인이 세상을 떴습니다. 그러자 스님이 다시 찾아와 2곳의 산소를 소개했습니다.

"한 곳은 역사에 길이 빛날 인물이 태어날 자리지만 자손이 귀합니다. 다른 한곳은 큰 인물은 없더라도 대대로 만석을 하고 자손이 풍족한 자리입니다. 두 곳에는 산소를 못 쓰니 한 곳만 선택하십시요."

심처대 선생은 후자를 택했습니다. 그 자리는 지금의 안동시 길안면 배방골로 '꿩이 알을 품고 있는 자리'였습니다. 꿩이 알을 품고 있는 자리여서 그곳에는 비석과 산석을 세우지도 못하고 봉분만 만들었습니다. 그 후부터 집안이 일어나 9대에 걸쳐 매년 쌀 2만 석을 거둬들이는 큰 부자가 되었다고 합니다.

사람을 먼저 생각하는 마음

청송 심씨는 조선시대 5백 년을 통해 정승 열세 명, 왕비 넷을 배출한 명문가입니다. 고려 때 벼슬을 지낸 심홍부를 시조로 하여 증손인 덕부와 원부에서 크게 둘로 갈렸습니다. 이성계의 역성혁명 후 좌의정을 지낸 덕부의 후손이 그 하나요, 새 왕조의 벼슬을 버리고 두문동에 들어가 유훈을 지키면서 고향에 산 원부의 후손이 다른 한 세력입니다. 청송지방에 흩어져 사는 심씨들은 대개 심원부의 후손들입니다.

사람을 중시 여기는 심씨 가문의 따뜻한 마음씨는 일제시대에도 엿볼 수 있습니다. 당시에도 심부자 댁은 매년 쌀 2만 석을 거둬들이는 부자였습니다. 구한말 개화기 때는 화폐의 가치가 변동이 심해 나라에서 은화로 납부하라는 명에 따라 안계고을현 의성군 안계면에 있는 자기 소유 전답을 은화로 바꾸니 고을의 은화란 은화는 전부 모여질 정도였고, 이것을 본관인 청송 호박골로 옮기는데 그 행렬이 4㎞나 이어졌다고 합니다. 그런데 은화를 옮기던 날, 집에 도적 수십 명이 들이닥쳐 보이는 대로 집을 부쉈습니다. 집안 식구들은 모두 피신하고 백발의 안방마님심호택 선생의 모친이 혼자 집을 지켰는데, 마님은 횡포를 부리는 도둑들에게 "물건을 훔치러 왔는

| 멀리서 바라본 송소고택 전경

명문가에서의 하룻밤 ● ●

데 집은 왜 부수는가"라며 호통치고는 곳간을 열어 주며 "가져가고 싶은 대로 가져가라"고 했다고 합니다. 수십 명의 도둑은 모두 한 짐씩 가져갔고, 남은 돈으로 이 송소고택을 지었다는 이야기가 전해집니다.

심호택 선생은 경술국치와 명성왕후 시해사건을 보면서 청송지역에서 일어난 의병운동에 군자금을 대기도 했습니다. 또 대구지역에서 일어난 국채보상운동에 뜻을 같이 해 청송지부장을 맡아 자금을 모금하기도 했습니다. 부를 누리는 가문에서 이런 운동을 하기가 쉽지 않은 시기에 송소고택의 행동은 '가진 자로서의 사회적 책무'를 제대로 보여줍니다.

송소 심호택 선생의 둘째 아들인 심상광 선생은 도산서원과 병산서원 원장을 역임하고 청송향교의 전교향교의 책임자를 2회에 걸쳐 맡은 학문이 뛰어난 유학자로 이름을 날리기도 했습니다. 송소고택에 얽힌 이야기를 듣다 보면 '사람이 먼저다'라는 유훈이 흐르는 것만 같습니다.

덕천마을의 고택들

송소고택의 별채 옆에는 송정고택이 바로 연결되어 있습니다. 이는 송소고택을 지은 심호택 선생의 둘째 아들 심상광 선생이 송소고택과 연이어 지은 집입니다. 송소고택과 더불어 고택체험과 여러 가지 천연염색체험을 할 수 있습니다. 송소고택과 담장을 이웃하는데 찰방공 종택도 있습니다. 이 고택은 심원부 선생의 9대손인 심당 선생의 종갓집으로 1933년에 지어졌습니다. 1917년 심호택 선생의 동생 심우택 선생이 분가를 할 때 지은 창실고택도 있습니다.

1 안채 뒷방. 뒤란으로 연결돼 있는데, 고택 천장을 장식한 나무의 결이 아름답습니다.

2 뒤뜰에 있는 방에 딸린 마루입니다. 몇 명이 앉아 이야기를 할 수 있을 정도로 넓습니다.

3 담장에 둘러쌓인 사랑채. 주인이 손님에게 대접할 때 사용했던 곳입니다.

　　덕천마을 어귀에 어둠이 깔릴 무렵, 주인의 안내로 사랑채에 짐을 풀었습니다. 이중창문이 달린 문과 뒤뜰로 향하는 문 앞의 넓은 마루는 고택의 품격을 더하고, 방안은 닥종이 한지의 은은함이 고택의 운치를 더합니다. 보너스로 군불을 땐 장작내음이 도시생활의 찌든 번뇌를 녹여줍니다.

새롭게 단장을 한 송소고택의 화장실과 세면장은 수세식으로 개조돼 있었습니다. 남동향으로 지어진 송소고택은 크게 대문채와 안채, 별채와 크고 작은 사랑채 그리고 사당으로 구성되며, 각 건물에 독립된 마당이 있는 것이 특징입니다. 또한 솟을대문에 홍살을 갖춰 격조 높은 고택의 면모를 보입니다. 전체적으로 'ㅁ'자 형태를 갖추며 총 7채, 99칸으로 이루어졌습니다. 안채는 정면 6칸, 측면 3칸의 팔작지붕 건물로, 사랑방, 상방, 대청, 안방 2칸, 부엌으로 구성돼 있습니다. 온돌방 윗부분에는 다락이 있어 수납공간으로 사용하고 안방 안에 작은 방이 하나 더 있습니다.

안채 앞으로는 큰사랑채와 작은사랑채가 팔작지붕의 화려함을 자랑하며 서 있습니다. 큰사랑채 입구에는 보통의 고택에 쓰이는 돌 디딤판과는 달리 나무 디딤판이 달려 있습니다. 큰사랑채와 안채로 드나드는 중문 사이 마당에는 안채에 드나드는 사람이 사랑채에서 보이지 않도록 헛담을 두었습니다. 따로 출입문도 없는 헛담이 'ㄱ'자 형태로 사랑채를 감싸고 있습니다.

대문으로 들어서면 빤히 사랑채가 보이는데, 남녀가 유별하던 시절에는 뭇 남성이 앉아 있는 앞을 지나 안채로 가는 게

안채의 아궁이. 솥을 걸어 군불을 지피기도 하고, 겨울에는 물을 데워 세숫물로도 사용했습니다.

1 별채 굴뚝. 구들방에 불이 잘 들어 갈 수 있도록 굴뚝을 밖으로 끌어 냈습니다.

2 별채로, 수리를 해 일반인들이 머물 수 있는 공간으로 활용하고 있습니다.

안채 뒤뜰로 이어지는 흙담장. 기와를 사이사이에 넣어 문양을 만들었습니다.

매우 곤혹스러웠던 모양입니다. 그래서 사랑채를 가리는 헛담이 수줍게 두 손을 포개듯 앉아 있습니다. 이와 반대되는 것도 있습니다. 안채와 사랑채 사이 담장에는 어른 주먹만한 구멍이 뚫려 있는데, 이는 안채에서 사랑채에 손님이 몇 명이나 왔는지 알아보기 위한 용도입니다. 별당은 두 채로 별채와 대문채로 되어 있으며, 온돌방 앞으로 누마루가 있어 공간 활용이 용이합니다.

송소고택은 시간이 머문 마을입니다. 국제슬로시티연맹은 폴란드에서 열린 2011국제슬로시티총회에서 국내에선 9번째, 세계에선 143번째로 송소고택이 있는 덕천마을 전체를 슬로시티Slow City로 인증했습니다.

80여 가구 180여 명이 살고 있는 덕천마을에는 송소고택을 비롯해 여러 고택이 보존되어 있습니다. 봄, 여름, 가을, 겨울, 언제 찾아가도 고풍스런 옛집과 아름다운 자연을 체험할 수 있는 덕천마을. 그리고 그곳에 송소고택이 있어 여행자들의 마음을 더욱 설레게 합니다.

별채에서 바라본 안채 뒤뜰(왼쪽)과 나무로 만든 창고(오른쪽)

송소고택

현재 이곳에는 심호택 선생의 11대 주손인 심재오 선생 부부가 살면서 손님을 받고 있습니다. 숙박 예약은 홈페이지나 전화로 하면 되고, 식사는 사전 예약으로 덕천마을에서 할 수 있습니다.

고택 정보

가는 방법 중앙고속도로 의성IC에서 의성 진입 후 914번 국도(청송 · 길안방면)를 이용하여 덕천마을을 찾으면 송소고택에 갈 수 있다.

주소 경북 청송군 파천면 덕천리 176번지

전화 (054)874-6556

홈페이지 www.songso.co.kr

고택 한 바퀴 둘러보기

명문가에서의 하룻밤

영화 '봄 여름 가을 겨울' 촬영지
주산저수지

270년 전에 준공된 인공호수로 농업용수를 저장하는 용도로 만들어졌습니다. 우리나라 오지 중의 오지로 손꼽히는 청송의 외진 곳에 자리하고 있어 조성년도에 비해 훨씬 이전에 만들어진 듯한 느낌이 듭니다. 특히 물 속에서도 자라는 수령 150여 년의 자생 능수버들과 왕버들나무가 태고의 신비감이 들 정도로 운치가 있습니다. 저수지 안쪽 '별바위'는 가을 단풍이 들 때 용이 승천했다는 전설이 내려오고 있습니다.

이곳이 널리 알려진 데는 김기덕 감독의 영화 '봄 여름 가을 겨울 그리고 봄'이 큰 몫을 했습니다. 김 감독은 영화촬영을 하면서 한참을 송소고택에서 머물렀다고 합니다. 영화촬영을 위해 인공적으로 무대를 만들었으나 촬영 후에는 철거해 버렸습니다.

이 저수지는 지금까지 아무리 가뭄이 들어도 물이 말라 바닥이 드러난 적이 없다고 합니다. 저수지로 오르기까지 자갈길을 산책하며 길가에 지천으로 피어 있는 야생화 구경도 아름다운 추억이 됩니다.

가는 방법 이전리의 마지막 주차장에서 내려 3킬로미터 걸어 올라가면 저수지가 나온다.

주소 경상북도 청송군 부동면 이전리

전통이 숨 쉬는 곳
청송옹기 가마터

기능보유자인 이무남 선생이 현재 5대째 옹기구이를 가업으로 이어오고 있는 곳입니다. 옹기제작소가 있는 진안리는 예로부터 점토의 질이 매우 좋고 매장량이 풍부하기로 유명합니다. 이무남 선생은 요즘도 전통적인 방법으로 옹기를 구워서 시장에 내놓고 있습니다. 옹기가 무엇인지도 잘 모르는 우리 아이들에게 옹기 굽는 가마터는 현장체험학습 장소로도 좋을 듯합니다. 청송옹기 전시장에는 옹기를 굽고 체험할 수 있는 공간도 마련돼 있어 송소고택에 들를 때 꼭 한 번 들러보길 권합니다.

가는 방법 송소고택에 들어가는 길목에 위치해 있다.
주소 경상북도 청송군 진보면 진안리

구례

운조루

사랑채의 누각에 올라봅니다. 집안 마당이 훤히 내려다보입니다. 운조루가 지어진 뒤 많은 내방객들이 이곳에 앉아 주인과 이야기를 나누며 인생에 대해 이야기 했을 법합니다. 때로는 묵객들이 시와 그림을 그리고, 때로는 한바탕 풍류가 어우러지는 술판도 벌였겠지요. 자리가 주는 운치는 타워팰리스와 같은 수십 억 아파트와 비교할 바가 못 됩니다.

雲鳥樓 _{운조루}

전라남도 구례군 토지면 오미리에 가면 전통고택 운조루가 있습니다. 이름만 들어도 그 뜻이 범상치 않습니다. '구름과 새와 누각'. 이 세 한자를 조합해도 여러 가지 의미있는 내용이 나올 것만 같습니다. '구름 속에 새가 노니는 누각'이라고 해도 운치가 있을 것 같고, '구름 걸린 누각에서 쉬어가는 새'라고 해도 좋을 것 같습니다. 이름만 들어도 분명 이곳이 보통의 집과 다르다는 것을 느낄 수 있습니다.

운조루는 규모와 구조에 있어서 조선 양반가의 모습을 여실히 보여주는 대표적인 건축물입니다. 사랑채와 안채를 지은 목재가 웅대하고 한 칸의 규준장기준을 나타내는 수치도 큽니다. 이 고택을 짓는 데 7년이 걸렸다고 합니다. 이 집을 지은 유이주 선생은 말년을 지리산에서 보내기 위해 대구에서 구례로 와 집을 지었다고 합니다.

운조루에 얽힌 영당영정을 모셔 둔 사당 이야기는 흥미를 자아냅니다. 해발 1,506미터의 노고단이 형제봉을 타고 내려오다 섬진강 줄기와 만나면서 넓은 옥토를 만들어 놓았는데 그 자리가 운조루라는 것입니다. 이곳은 세상이 어지러울 때면 난세를 피해 찾아드는 사람이 많았다고 합니다. 일제시대가 그러했나 봅니다. 조선총독부에서 조사한 토지면 가구수와 인구 변동의 연도별 통계를 살펴보면 1918년 70호에 350명이었던 인구가 1922년 148호에 744명에 이르고 있어 이곳을 향한 인구의 대이동을 볼 수 있습니다.

| 안채로 향하는 대문

사랑채 앞마루. 조선시대 고택의 처마는 이처럼 방과 방을 이동하는 통로로도 활용되었습니다.

사람들은 도선국사의 〈비기秘記〉에 나온 '봉성구례의 옛 이름 현 동쪽에 대지가 있는데, 이곳에 터를 잡으면 무장이 천 명 나오고 문장이 만 명 나오며, 백자천손으로 후손이 벌족하여 가히 만 호가 살 수 있는 땅이고, 모든 성받이가 함께 발복할 명당'이라는 글을 믿고 이곳저곳에 터를 잡았습니다. 풍수지리설을 신봉하는 사람들은 구례를 아주 성스러운 자리로 여겼습니다. 한반도를 절세의 미인 형국으로 보았고 지리산이 자리 잡은 구례는 미녀가 무릎을 꿇고 앉으려는 자세에서 생식기에 해당하는 곳이라 했다고 합니다. 또 미녀가 성행위를 하기 직전 금가락지를 풀어 놓았는데 그곳이 명혈名穴이 되어 '금환락지'라고 했답니다. 가락지는 여성들이 간직하고 있는 정표로서 성행위를 할 때나 출산할 때만 벗는 것이 상례이기 때문에 가락지를 풀어 놓았다는 것은 곧바로 생산 행위를 상징하고 있음을 알 수 있습니다. 그래서 금환락지는 풍요와 부귀영화가 샘물처럼 마르지 않는 땅이라는 것입니다. 운조루가 들어선 자리는 금환락지와 더불어 금구몰니금거북이가 진흙 속에 묻혀 있는 명당와 오보교취금, 은 ,진주, 산호, 호박이 쌓여 있는 곳라며 우리나라 3대 명당 중의 한 곳으로 평가된다고 합니다.

유이주 선생

1726년 경북 해안면 입석동(현재의 대구) 출신으로, 28세 되던 1753년에 무과에 급제하여 낙안군수와 삼수부사를 지낸 무관이었습니다. 어렸을 때부터 기개와 힘이 뛰어났고 문경새재를 넘다 호랑이를 만났을 때 채찍으로 호랑이의 얼굴을 내리쳐 쫓아 버렸다는 일화가 전할 정도입니다. 관직에 나가 있을 때는 남한산성을 보수하고 함흥성 축조작업 등 대규모 건축사업에 봉직하는 등 혁혁한 공로를 세웠습니다.

명문가에서의 하룻밤

쌍계사에서 화엄사를 향해 차로 달리면 15분이 채 안 되어 운조루 이정표가 나옵니다. 중요민속자료 제8호로 지정된 이 고택은 우리나라 3대 명당 중 한 곳으로 손꼽힙니다. 명당터에 자리잡은 운조루는 입구부터 대단합니다. 우선 입구에 자리잡은 연못이 인상적인데, 풍수지리에 의해 불길을 잡기 위해 조성한 것이라고 합니다. 연못 중앙에는 섬이 하나 마련돼 있고 그곳으로 연결되는 조그마한 다리가 있습니다. 남다른 구조입니다. 또 고택 앞으로는 조그마한 개울이 흐르도록 해 놓았습니다. 집 앞에는 이 조그마한 개울이 흐르고 집 밖에는 섬진강이 유유히 흐르니 이 또한 풍수지리의 조화를 만들기 위함이 아닌가 싶습니다.

고택에 들어가면 매표소가 있습니다. 방문객들이 많지 않아 매표가 되지 않는 듯 합니다. 젊은 아낙이 있길래 답사를 왔다 하니, 그냥 들어가라 합니다. 이 집안의 며느리였습니다. 소박한 모습이 거택을 지키는 사람 같지 않습니다.

집 안에 들어가기 전부터 방문객을 압도하는 것은 길게 늘어선 행랑채였습니다. 좌측으로 7칸 우측으로 11칸입니다. 입구문까지 합치면 18칸입니다. 이 정도의 행랑채를 자랑하는 고택은 지금까지 보지 못했습니다.

운조루는 집터를 잡으면서 땅을 파보니 입증이라도 하듯 어린아이 머리만 한 돌거북이가 출토되었다고 합니다. 그래서 집을 지을 때 원래 지금의 부엌자리가 안방을 배치해야 할 구조였으나, 거북자리를 안방으로 사용하면 아궁이 불에 거북이가 타 죽는다고 해 거북이가 나온 곳을 습기 많은 부엌

1 고택 앞 연못에 조성된 섬
2 운조루 입구. 긴 행랑채가 고택의
  규모를 말해줍니다.

자리로 배치했다고 합니다.

이 고택의 특색인 많은 행랑채는 어떤 역할을 했는지 궁금해질 것입니다. 물론 이 집에서 일하는 머슴들이 기거하는 공간이었겠지요. 운조루의 행랑채에는 이러한 기능과 더불어, 죽은 자가 이곳에서 3개월 동안 안치됐다는 '가빈터초빈'가 있습니다. 아마도 조선시대에는 집안 사람이 돌아가시면 3일 후에 입관을 해서 3개월 동안 집 안에 모셔두었다가 매장하는 풍습이 있었나 봅니다. 당시 가난한 집안에서는 간략하게 장례를 치뤘겠지만 권세있는 양반가에서는 가문의 위세를 드러내기 위해서라도 거창한 장례의식을 치렀을 것으로 생각됩니다.

행랑채를 지나 집안에 드니 사랑채의 웅장하고 당당한 모습이 드러납니다. 누구나 그 모습을 보면 한번 올라가 봐야지 하는 생각이 들 것입니다.

사랑채의 누각에 올라봅니다. 마당이 훤히 내려다보입니다. 운조루가 지어진 뒤 많은 내방객들이 이곳에 앉아 주인과 이야기를 나누며 인생에 대해 이야기 했을 법합니다. 때로는 묵객들이 시와 그림을 그리고, 때로는 한바탕 풍류가 어우러지는 술판도 벌였겠지요. 자리가 주는 운치는 타워팰리스와 같은 수십 억 아파트와 비교할 바가 못 됩니다. 자연을 배경

과거 교통이 발달되지 않았을 때, 시신을 3개월 동안 모셔 두고 장례를 치렀다는 가빈터

가빈터

조선시대 상류층 사회에서는 사람이 죽으면 집안에 빈소를 설치했습니다. 가빈터란 집안 내에 죽은 사람을 모셔 두는 곳입니다. 정3품 이상의 직책을 받았던 양반 집안은 보통 100일장으로 장례를 치렀습니다. 전국 각지로 부고를 내고 문상객을 받는 데만 석 달 정도가 걸렸습니다. 가빈터는 사망 후 3일이 지나 시신을 입관해 3개월 동안 안치했습니다.

운조루 누각에서 바라본 외부 풍경

1 운조루 누각 옆에 만들어져 있는 마루
2 운조루 누각 아래 진열돼 있는 우마차. 과거 주인의
   위세를 알 수 있게 해줍니다.

                                        명문가에서의 하룻밤

으로 만들어진 전통한옥의 멋스러움이 극치를 이룹니다. 사랑채 누각 마루 아래에는 운조루 선대들이 사용했던 달구지가 남아 있습니다. 둥글고 큰 바퀴를 보니 규모가 대단합니다. 아마도 이 달구지를 끌기 위해서는 몇 마리의 황소가 필요하지 않았나 싶습니다.

누각을 돌아드니 우물이 나옵니다. 현재는 사용하지 않아 뚜껑을 덮어 놓았고 이 우물은 안채로 이어져 있습니다. 안채는 이 고택 후손들이 생활하는 터전이라 들어가지 못합니다. 양해를 구해 잠깐 들어서니 앞뜰에 옹기가 제법 도열해 있습니다.

'가진 자의 사회적 책임'을 다하는 가문

운조루에는 가진 자로서의 사회적 책임을 실천하기 위한 10개의 정신이 내려오고 있습니다.

그 첫 번째가 나눔과 베풂의 적선積善정신입니다. 이 집의 쌀독에는 '타인능해他人能解'라는 글귀가 쓰여 있습니다. 운조루 주인은 가난한 이웃을 위하여 행랑채에 백미 두 가마니 반이 들어가는 목독쌀독에 쌀을 담아 놓았습니다. 그리고 끼니를 이을 수 없는 사람이 쌀을 가져다가 끼니를 해결할 수 있게 해주었습니다. 그 쌀독 뚜껑에 '타인능해'라고 써놓았으니, '우리는 가난하고 어려운 당신들을 이해할 수 있습니다'라는 뜻을 전했던 것이지요.

두 번째는 분수에 맞는 생활정신을 간직하고 살았다는 것입니다. 운조루 주인은 아들이 기거하는 누마루에 '수분실隨分室'이라는 현판을 내다 걸었다고 합니다. 세상을 살아갈 때는

1 안채와 연결돼 있는 뒤뜰 우물
2 '타인능해'라는 글귀가 적힌 나무 쌀독. 굶
  는 이들이 마음놓고 쌀을 가져갈 수 있도
  록 설치해 두었습니다.
3 운조루 뒤뜰에 위치한 후원. 건축에 사용
  한 목재가 범상치 않아 보입니다.

명문가에서의 하룻밤

항상 자신의 분수에 맞는 생활을 할 것을 강조하는 내용입니다. 운조루가 강조하는 수분정신은 시대를 초월한 진리일 것입니다.

세 번째는 풍류정신이라고 합니다. 운조루에는 유독 풍류객들이 자주 찾았다고 합니다. 특히 조선 말 일제시대에 그러했다고 합니다. 한일합방을 반대하고 자살을 했던 매천, 환현 같은 시인도 운조루를 자주 찾았습니다. 운조루를 다녀간 묵객들이 남긴 시조만도 1만 여 편에 달한다는 사실은 각박한 자본주의 시대를 사는 현대인들에게 여유의 미덕이 어떠한 것인지를 느끼게 해줍니다. 한 번쯤 마음을 느긋하게 먹고 이 생을 살아가는 진정한 의미를 되새겨 보라는 교훈을 '풍류정신'이 말해 줍니다.

네 번째는 인간존중정신입니다. 지금은 없어졌지만 여인들의 공간인 할머니 사랑방이 동쪽에 있었다고 합니다. 남존여비의 유교적 사상이 중심이었던 시대에 이 같은 배려는 의미하는 바가 크다고 하겠습니다.

다섯 번째는 기록을 남기는 정신입니다. 100년 동안 일기를 써 온 운조루 가문은 지금도 다양한 유물과 기록물을 전하고 있습니다.

여섯 번째는 선정을 베푸는 정신입니다. 창건주 유이주 선생은 현재의 순천인 낙안군수로 재직할 당시 백성을 잘 보살피는 청빈한 관료로 이름이 높았다고 합니다. 다른 곳으로 발령을 받고 새로운 부임지로 행차할 때 모든 군민이 길거리에 나와 엎드려 울며 가지 못하게 붙잡을 정도였다고 합니다.

1 운조루 안채의 동쪽 측면. 부엌이 위치해 있습니다.
2 남쪽에서 바라본 안채 정면. 금방이라도 주인마님이 마
루로 나올 듯합니다.

일곱 번째는 건축을 사랑한 정신입니다. 유이주 선생은 수원 유수로 있으면서 정조 임금이 흡족할 정도로 수원 화성 축성을 잘하였다고 합니다. 이로 인해 2계급 특진을 하였다고 합니다.

 여덟 번째는 절개를 굽히지 않는 선비정신입니다. 일제시대 때 운조루 사람들은 창씨개명을 반대하는 지조를 지켰다고 합니다. 서슬 퍼런 시대에 창씨개명을 끝까지 반대한 사실은 선비로서의 절개를 지킨 운조루의 가풍을 알 수 있습니다.

아홉 번째는 부모와 조상에 대한 효도정신입니다. 기록을 중요시 여긴 운조루의 선대들이 남긴 일기에는 조상을 섬기고 부모님께 효성을 다하는 내용이 대부분입니다.

열 번째는 겸애정신입니다. 운조루는 굴뚝을 낮게 세웠다고 합니다. 가난한 이웃을 배려하여 밥 짓는 연기가 멀리서 보이지 않게 했다는 사실이 이를 말해줍니다. 운조루에만 오면, 우리 아이들에게 이곳에 전해져오는 교훈들을 자꾸자꾸 얘기해 주고 싶어집니다.

운조루

지리산 산자락에 유유히 흐르는 섬진강 한편에 자리한 운조루는 풍수지리설의 흥미진진한 이야기가 얽혀 있는 곳입니다. 인근에는 쌍계사와 화엄사와 같은 대찰이 자리하고 있고 천은사, 연곡사, 사성암, 문수사 등 명성 있는 사찰이 즐비합니다. 또 매화마을로 유명한 다압마을이 주변에 있습니다.

섬진강의 민물게, 명산, 대찰의 문화유산이 살아 숨 쉬는 곳이 바로 운조루가 위치한 지역의 풍경입니다. 뿐만 아니라 운조루 여행에선 언제나 남도의 넉넉한 인심을 엿볼 수 있는 풍성한 먹을거리를 만날 수 있습니다.

운조루에서는 하룻밤을 지낼 수가 있으며, 행랑채와 서당채인 귀래정을 개방합니다.

고택 정보
주소 전라남도 구례군 토지면 오미리 103번지
전화 (061)781-2644
홈페이지 www.unjoru.net

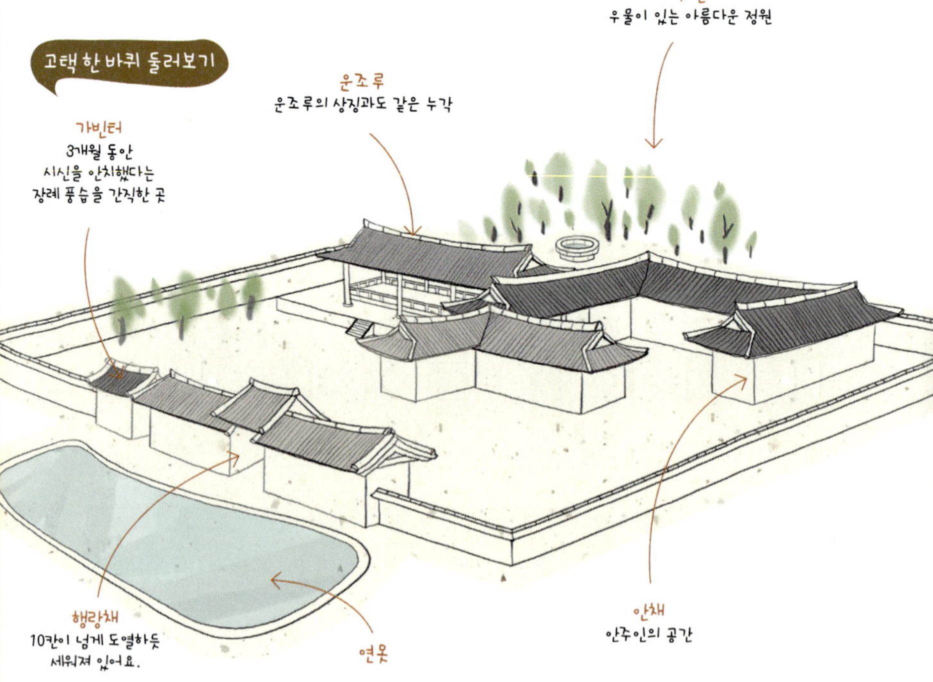

예쁜 벚꽃길 따라 걷기
쌍계사

신라 성덕왕 21년에 삼법스님이 '지리산 곡설리 갈화처에 봉안하라'는 꿈의 계시를 받고, 범의 인도로 이곳을 찾아 절을 지어 조사를 봉안하고 옥천사라 이름지었다고 합니다. 이후 문성왕 2년에 진감국사가 중국유학을 마치고 차 종자를 가지고 와 지리산 주변에 심어 우리나라 차 시배지(최초의 차 재배지)가 됐습니다. 이후 정강왕이 선풍도골을 흠모해 '쌍계사'라는 사명을 내렸다고 합니다.

쌍계사 암자 가운데는 칠불암의 아자방이 유명합니다. 방의 구조가 하도 특이하고 한 번 불을 지펴 놓으면 49일 동안 스님들이 따뜻한 방에서 수행할 수 있었다는 독특한 구조라고 합니다. 쌍계사 아랫마을은 화개면으로, 화개장터가 유명하며, 봄철이면 우리나라 최고 절경의 벚꽃 길을 구경할 수 있습니다.

주소 경상남도 하동군 화개면 운수리 208번지
전화 (055)883-1901
홈페이지 www.ssanggyesa.net

남도의 젖줄
섬진강

우리나라에서 아홉 번째로 긴 강인 섬진강은, 대체로 강 너비가 좁고 강 바닥의 암반이 많이 노출되어 있어 항해하는 데는 불편하며, 모래가 곱기로 유명합니다. 섬진강을 터전으로 아름다운 시를 만들어 가는 김용택 시인의 '섬진강'이라는 시를 섬진강에서 한 번 낭송할 수 있는 여유를 가진다면 분명 세상 사는 멋을 즐길 줄 아는 사람이 될 수 있을 것입니다.

나주

남파고택

고택의 전통을 지키려는 주인의 고집은 확고하게 자리 잡고 있습니다. 일체의 개조 없이 불편한 대로 고택을 사용하는 이유를 묻자 주인의 대답은 단호했습니다.

"아무리 시대가 바뀌어도 선조들의 지혜가 담긴 집을 함부로 고치고 싶지 않습니다. 조금의 불편을 감수해야 하지만, 거기에는 우리가 느끼지 못하는 지혜가 많이 들어 있음을 실감하기도 합니다."

南坡古宅 남파고택

　　남파고택은 전라남도 문화재자료 제153호로 지정돼 있으며 나주시 남내동에 위치하고 있습니다. 호남에서 가장 큰 전통한옥의 명성은 나주배의 명성과 비교해도 뒤지지 않을 정도입니다. 앞에서 보고 뒤에서 보아도 똑같은 모습을 보여주는 것이 남파고택의 특성입니다. 가장 중심건물인 안채의 웅장함과 당당함은 전국에 돌아본 어느 고택과 비교해도 뒤지지 않습니다. 겹치마를 펼쳐 놓은 듯이 화려한 팔작지붕도 이 고택이 가지는 멋스러움입니다.

이 고택은 현재 살고 있는 박경중 선생의 증조부인 남파 박재규 선생이 지은 집이라고 했습니다. '박군수댁'이라고도 불리는 이유는 장흥군수를 지낸 선대 어른이 있어서라고 합니다. 전라남도에서 단일 건물로서는 최대 규모를 자랑하는 이 고택은 개인주택이지만 관아의 형태를 모방하고 있습니다. 사람의 외모에서 느껴지는 감정이 있듯이, 고택에도 똑같은

1 남파고택 입구의 행랑채
2 앞뒤가 같은 형태인 남파고택의 이중 팔작지붕

감정이 있음을 남파고택을 보면서 확연히 느낄 수 있었습니다. 그렇지만 주인인 박경중 선생은 고택을 찾는 모든 이들에게 무작정 집을 개방하지는 않을 계획이라고 합니다. 고택에 대한 참된 의식이 있는 사람들에게만 개방하겠다는 의지로 보입니다. 단순한 숙박지로 생각하지 말아 달라는 뜻으로 해석됩니다. 최근에는 우리 전통고택에 대해 관심 있는 학자들과 외국인 몇몇에게만 개방했다고 합니다. 하지만 전라남도 차원에서 전통고택체험 장소로 선정된 만큼 일반인들에게도 곧 개방될 계획입니다.

남파고택에서 하룻밤을 보내기 위해서는 자신들이 직접 불을 지피는 수고로움을 감수해야 합니다. 시내에 위치하고 있는 만큼 식사는 인근의 유명한 음식점을 찾아가도 됩니다.

고택의 전통을 지키려는 주인의 고집은 확고하게 자리 잡고 있습니다. 웬만한 전통고택의 경우는 상당수가 개조되어 사용되고 있지만, 남파고택은 옛날 그대로의 모습입니다. 우선 부엌을 들어가 보면 집을 처음 지었을 때 그대로입니다. 일체의 개조 없이 불편한 대로 고택을 사용하고 있습니다. 이유를 묻는 질문에 주인의 대답은 단호했습니다.

"아무리 시대가 바뀌어도 선조들의 지혜가 담긴 집을 함부로 고치고 싶지 않습니다. 조금의 불편을 감수해야 하지만, 거기에는 우리가 느끼지 못하는 지혜가 많이 들어 있음을 실감하기도 합니다."

      ● ●

1 남파고택 주인인 박경중 선생의 모습
2 옛 모습 그대로 보존해오고 있는 남파고택 안채의 부엌
3 행랑채 부엌의 솥과 아궁이. 불편하지만 옛 조상들의 생활풍습을 배울 수 있는 현장입니다.

남파고택 입구에는 커다란 유치원이 자리 잡고 있습니다. 현대식 건물이 넓게 자리 잡은 한옥을 위협하듯이 말입니다. 아마도 고택과 연관된 듯했습니다. 나중에 안 사실이지만 예전에 배움터로 사용되었던 건물에 유치원을 지어 박경중 선생의 부인이 큰 유치원을 경영하고 있었습니다.

고택 입구 행랑채는 초가입니다. 그 옆에는 텃밭이 일구어져 있고, 유치원생들이 현장학습용으로 푸성귀를 심어 놓았습니다. 시내 한복판에 펼쳐진 이러한 풍경은 낯설면서도 신선했습니다.

고택은 남문 안동네인 남내동에 널찍하게 자리잡고 있었습니다. 현재 살고 있는 박경중 선생의 6대조가 터를 잡고, 4대조인 박재규 선생이 지은 집이라고 했습니다. 개인 주택이지만 관아의 형태를 모방하고 있는 건물이기도 합니다. 여기에는 4대조 어른이 장흥군수를 지낸 역사가 있기 때문이었습니다.

남파고택의 초당으로 가장 오래된 건물입니다.

안채로 향하는 입구는 나무들이 우거져
아름다운 조화를 이룹니다.

1 초당의 건립 연대를 알 수 있는 상량문

2 안채의 마루. 고택의 규모를 짐작하게 해줍니다.

3 안채에 전시돼 있는 나주소반과 고가구들

명문가에서의 하룻밤 ● ●

　　현재 가옥의 건물 구성은 안채를 비롯하여 초당, 바깥사랑채, 아랫채, 문간채 등의 7동으로 이루어져 있습니다. 윗 건물들 중 초당은 박경중 선생의 6대 조부가 지은 것으로 상량문에 '광서십년갑신구월..光緖十年甲申九月..'이라 기록되어 있어 1884년에 건축되었음을 알 수 있습니다. 모양으로 보아 평민가옥처럼 보이는 초당은 조선 말기의 전형적인 주택 구조를 규명하는 데 중요한 자료가 될 듯했습니다.

재미있는 것은, 집을 지을 때 사용한 도구들을 지금도 창고에 보관하고 있다는 점입니다. 박경중 선생은 앞으로 박물관을 건립할 계획도 세우고 있었습니다.

안채는 4대조가 1910년대 초에 지은 건물입니다. 그렇지만 상량문에는 '조선개국오백사십삼년갑술십이월이십일일신축시상량朝鮮開國五百四十三年甲戌十二月二十一日辛丑時上梁'이라고 되어 있어 1934년 건립되었음을 알 수 있습니다.

안채 건립 후 계속 집안에 불운이 겹치는 이유가 집터의 기가 너무 세기 때문이라고 해 상량만을 교체한 것이라고 합니다. 그래서인지 안채 뒤편에는 지금도 그 기운을 누르기 위해 커다란 수곽에 물을 담아 놓고 있었습니다. 땅의 기운을 누르기 위해 거대한 수곽을 마련하고 그곳에 물을 담아 연꽃도 키우고 있는 모습은 이 집의 내력이 평범하지 않다는 사실을 보여주는 듯했습니다. 아랫채는 1917년에 건립되었으며, 바깥사랑채는 1930년대에 건립되었다고 합니다. 행랑채는 안사랑채를 헐은 재목으로 1957년에 지은 것이라고 했습니다.

전통고택의 멋스러움은 단연 안채가 뿜어내는 웅장함에 있습니다. 이 고택은 대청마루에 도열하듯 서 있는 굵직한 기둥이 압권입니다. 마룻바닥 역시 정갈하게 닦아 반들반들 윤기가 흐릅니다. 조상 대대 가보로 내려오는 유품들도 집 곳곳에 가득합니다.

시렁 위에 가지런히 놓여 있는 나주소반이나 목재도시락은 이 집안의 역사를 고스란히 담고 있습니다. 크기가 서로 다른 상들의 모습도 집안 예법의 섬세함을 보여주고 있었고, 고색창연한 장롱에는 조선시대 소목장들의 탁월했던 장인혼이 들어 있었습니다. 부엌에는 수백 년 동안 내려왔음 직한 대형 떡판이 고스란히 남아 있습니다. 주인장 말에 따르면 매스컴에 꽤나 많이 나온 떡판이라 합니다.

민족운동 주도한 교육자 집안

고택의 역사와 더불어 박경중 선생 선대는 민족운동을 주도한 집안으로 이름이 높습니다. 박씨의 조부인 박준삼 선생은 1960년대에 청운야간중학교를 이곳에 설립해 운영한 교육자였습니다. 그는 나주 한별고등공민학교를 인가받아 운영하기 시작해 20회 졸업생을 배출하기도 했습니다. 한별고등공민학교를 거쳐 간 학생만도 2,000명이나 된다고 합니다. 아쉽게도 이 학교는 설립된 지 20년도 채 안 되어 문을 닫고 말았습니다. 한별학교의 폐교 이후 박경중 선생은 이곳에 유치원을 건립해 나주에서 유아교육을 전공한 부인 강정숙 씨가 현재까지 유치원을 운영해오고 있습니다.

박씨의 조부인 박준삼 선생은 1898년 생으로 서울중앙교보

남파고택의 담장. 옹기와 담쟁이 넝쿨이
고택의 정취를 더해 줍니다.

1 고택의 뒤주
2 고택 부엌에 있는 떡판. 이 기구로 종가의 며느리가
  음식을 하고 있습니다.
3 고택에 전해 내려오는 찬합. 일종의 도시락입니다.

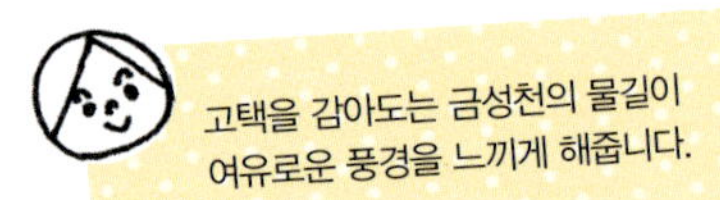

명문가에서의 하룻밤

를 나왔으며 1919년 3·1 독립운동을 하기도 했습니다. 당시 22살이었던 그는 운동을 독려하는 유인물을 제작하고 배포해 종로경찰서에 연행되기도 했으며 이 일로 퇴학당하기도 했다고 합니다.

이 고택의 주인인 박경중 선생도 나주시 문화원장을 10여 년 동안 맡아 온 지역유지였습니다. 전라남도 도의원을 2회 동안 재임하기도 했습니다. 박 선생은 "우리 집안은 전통적으로 남에게 피해를 주지 않는 집안이었다"고 말을 아끼며 가풍에 대해 이야기했습니다.

나주의 진산인 금성산의 물길이 모이는 곳에 위치한 남파고택은 금성천이 지나가는 중심에 자리를 잡았습니다. 정확하게 살펴보니 물길이 그의 고택에서 방향이 틀어지고 있었습니다. 금성산은 '크고 시원하다'는 의미로 '한수산'이라고 불리기도 했다고 합니다. 그래서인지 집 앞으로 흐르는 물을 사용하는 '00온천'이라는 목욕탕도 있었고, 그의 사랑채는 음식점으로 사용되고 있었습니다. 그곳에서 나오는 물로 요리를 하면 맛이 일품이기 때문이라고 합니다.

남파고택

하룻밤 머물 때는 우선 주인과 상담이 꼭 필요하고, 어느 정도 번거로움은 감수해야 합니다. 하지만 일단 하룻밤을 머문다면 조선시대로 시간을 거꾸로 거슬러 올라가는 듯한 느낌을 받게 될 것입니다.

고택 정보

가는 방법 나주버스터미널에서 걸어갈 수 있을 만큼 가깝다. 도보 15분 소요.
주소 전라남도 나주시 남내동 95–7
전화 (061)332–6100

고택 한 바퀴 둘러보기

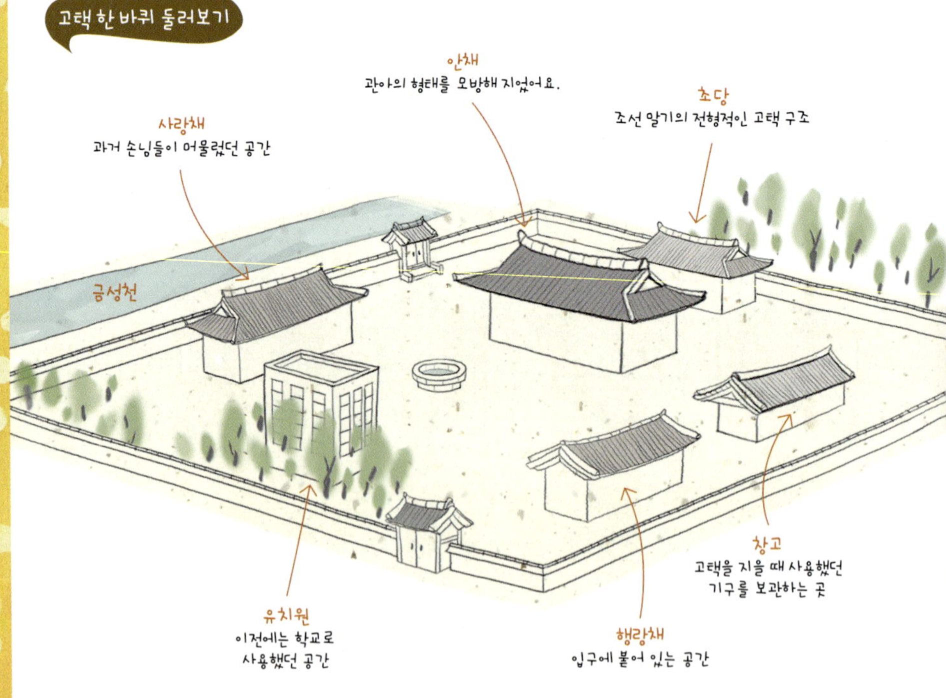

익살스런 돌장승이 반기는 사찰
나주 불회사

한국에서 최초로 건립되었다고 전해지는 불회사에는 지방 유형문화재 3호인 대웅전과 명부전, 삼성각, 나한전, 요사채가 동백나무숲을 병풍처럼 두르고 가지런히 자리 잡고 있습니다. 특히 대웅전에 안치된 삼존불 중 비로자나불은 종이로 만든 지불로 유명합니다. 불회사의 또 다른 명물은 돌장승으로, 사찰 입구에는 부정을 금하고 잡귀의 출입을 막는 할아버지, 할머니 모습의 석장승이 서 있습니다. 남도 특유의 해학적 표정을 짓고 있는 할아버지 장승, 웃음을 머금은 표정의 할머니 장승은 익살스럽기도 하고 친근감이 넘칩니다. 이 장승은 서울 인사동 입구에도 똑같은 모조품을 만들어 전시되고 있습니다.

불회사는 절 주위에 전나무, 삼나무, 비자나무, 동백나무가 숲을 이뤄 사시사철 아름다운 자태를 드러냅니다. 자연이 연주하는 거대한 오케스트라인 셈입니다. 최근에는 템플스테이도 운영하고 있어 일반인들도 많이 찾고 있습니다.

주소 전라남도 나주시 다도면 마산리 999번지
전화 (061)337-3440

다양한 카메라를 보러 가자
동신대학교 문화박물관

나주에는 유명한 카메라 박물관이 있습니다. 동신대학교 문화박물관이 그곳인데, 이는 국내 최초의 카메라 박물관입니다. 원로 사진작가이자, 동신대학교 사진예술학과의 객원교수로 재직하다 지난 2001년 별세한 고 이경모 선생이 평생에 걸쳐 수집해 온 1,500여대의 카메라를 학교측에 기증해 박물관이 개관됐습니다. 전시장에는 기증카메라 중 기획전시된 350여대의 카메라와 렌즈, 각종 카메라 부품이 다양하게 진열되어 있으며, 이경모 선생의 사진 작품도 전시돼 있습니다. 미래의 사진 작가를 꿈꾸는 아이들에게 좋은 교육의 장이 될 것입니다.

주소 전라남도 나주시 대호동 252번지
전화 (061)330-3827

왕곡마을

송지호를 끼고 움푹 들어가 천연 요새를 이루고 있는 왕곡마을(고성군 죽왕면 오봉1리)은 외부에 그 모습을 좀처럼 보여주지 않습니다. 이곳에는 19세기 전후에 건립된 북방식 전통 한옥 스물한 동과 초가집 등 50여 가구가 옹기종기 모여 있습니다.

왕곡마을

　　송지호를 끼고 움푹 들어가 천연 요새를 이루고 있는 왕곡마을은 외부에 그 모습을 좀처럼 보여주지 않습니다. 이곳에는 19세기 전후에 건립된 북방식 전통한옥 스물한 동과 초가집 등 50여 가구가 옹기종기 모여 있습니다.

강릉 함씨와 강릉 최씨, 용궁 김씨 등이 집성촌을 이룬 왕곡마을은 고려 말 충신이었던 함부열 선생이 간성읍고성의 옛 지명에 은거한 것에서 시작됐습니다. 함부열 선생은 고려 마지막 왕이었던 공양왕이 폐위되자 관복을 벗고, 신분을 숨기기 위해 양근현재의 경기도 양평 함씨로 본관을 잠시 바꿔 살았다고 합니다. 이들이 나중에 강릉 함씨가 되었습니다. 이후 함부열 선생의 후손들은 간성 지방에 터를 잡아 살게 되고, 함부열 선생의 손자인 함치근 선생이 현재의 왕곡마을에 자리를 잡아 지금까지 삶의 터전을 이루고 있습니다. 그 후 후손인 치원 선생이 왕곡마을로 이주해 자리를 잡아 입향조어떤 마을에 맨 처음 들어와 터를 잡은 사람가 됐습니다. 이런 이유에서인지 어머니의 제사는 반드시 차남이 모시는 풍습이 마을에 남아 있습니다.

1 왕곡마을의 전형적인 'ㄱ'자 형태의 집.
  장작을 쌓아 놓은 모습이 정겹습니다.
2 방문객들을 맞는 마을 어르신들
3 마을 개울에서 미꾸라지 잡기 체험을
  하고 있는 방문객들

또한 왕곡마을은 천도교로 이어진 강원도 동학혁명의 근거지로, 마을 입구에 사적기념비가 세워져 있습니다. 동학 2대 교조인 해월 최시형 선생은 왕곡마을 김하도 선생의 집에 수개월간 머무는 동안 포교활동을 하며 제자들을 교화했습니다. 1894년 최시형 선생이 동학혁명 총동원령을 내렸을 때는 양양, 거진역까지 동학군이 궐기하였는데, 당시 강릉 전투에서 패한 뒤 왕곡마을 함일순 선생 집에 10여 일간 머물며 전력을 재정비한 것으로 알려져 있습니다. 사적기념비 후면에 새겨놓은 글귀에 의하면, 왕곡마을 동학접주 김명숙 선생을 중심으로 함희연, 함희용, 함영인, 김응숙 선생이 주동자로 이 지역에서 활동했다고 합니다.

왕곡마을은 1988년 8월 전국에서 처음으로 전통건조물 보존지구 1호로 지정되고, 2000년 1월 중요민속자료 제235호로 지정되었습니다. 그리고 이제는 전통문화 체험마을로 모습이 변모해가면서 제법 유명해졌습니다. 매 철마다 다양한 민속축제가 열려 외지인들을 불러들입니다. 주5일 근무시대를 맞아 도회지 사람들의 하룻밤 체험지로 각광받게 된 것이지요. 동해안과 설악산에 여행을 왔다가 문화의 향기를 느끼

명문가에서의 하룻밤 ● ●

지 못하는 사람들에게 왕곡마을은 색다른 정취를 선사합니다.

ㄱ자 구조의 전통한옥마을

왕곡마을은 오음산을 주산으로 하여 두백산, 공모산, 순방산, 제공산, 호근산 등 다섯 개의 산봉우리가 있다고 하여 오봉리라고도 합니다. 왕곡마을은 산과 바다에 의해 외부와 차단되어 있어, 한국전쟁 당시 마을의 위치가 국도에서 1km밖에 떨어져 있지 않았지만 피해가 전혀 없었다고 합니다. 마을 사람들은, 몇 차례의 기관총 사격과 폭탄 투하가 모두 빗나갔고 마을 한가운데 떨어진 폭탄 3발이 모두 빗나갔다며 천지신명이 마을을 굳게 지켜줄 것이라고 믿으며 살고 있습니다. 1996년, 고성에 대형 산불이 발생했을 때도 부근의 산들은 대부분 불에 탔으나 마을에는 불길이 미치지 않아 명당으로 여겨집니다.

과거 유네스코 관계자는 이곳 왕곡마을을 찾아 전통가옥을 둘러본 뒤 극찬했다고 합니다. 전통가옥의 원형이 완벽하게 보존되고 있었기 때문입니다.

우리나라 북방식 'ㄱ'자 가옥의 구조를 보려면 이곳 왕곡마을을 찾아야 합니다.

대개 'ㄱ'자 형 가옥구조는 황해도 남부와 서울, 경기도, 충청도 일대의 중부지방에 많이 분포돼 있습니다. 차이가 있다면 서울·경기 및 북부지역은 안방과 부엌이 동서향이고, 중부지역은 남향이라는 점입니다. 추위를 피하기 위해 머리를 짜낸 조상들의 지혜를 엿볼 수 있습니다.

소담스런 자연과 어우러진 북방식 가옥

왕곡마을은 입구에서부터 옛 마을의 정취가 묻어납니다. 미꾸라지가 살고 있는 개울과 흙담이 소담스럽습니다. 마을 안에는 방앗간도 있고, 소달구지도 있습니다. 여름 휴가철에 축제도 열어 많은 사람들이 방문합니다. 마을 앞 송지호에서는 '제첩잡이 축제'가 펼쳐집니다. 특이한 점은 이 마을에는 우물이 없다는 사실입니다. 풍수지리설에 의하면 왕곡마을 모양이 배의 형국이어서 마을에 우물을 파면 망한다고 합니다.

왕곡마을 대부분의 집들은 동쪽으로 약간 기운 남향으로 배치돼 있습니다. 바다 쪽으로 기울어 있는 지형 영향인 것으로 추측됩니다. 가옥들은 안방 마루와 부엌과 외양간이 'ㄱ'자 형으로 연결된 독특한 구조입니다. 부엌의 열기가 안방 마루로도 들어가고, 외양간의 소에게로도 가게 됩니다. 또한 안주인이 남은 음식물을 들고 돌아서면 소 여물통이 앞에 서게 되는 구조입니다. 가축인 소도 한가족처럼 대했던 농경사회의 모습을 볼 수 있습니다. 추위를 이길 수 있게 만들어진 겹집형 가옥들은 금강산 문화권에 속하는데 'ㄱ'자 형과 '_'

명문가에서의 하룻밤

자 형이 대부분입니다. 이중 'ㄱ'자 형의 돌출부분에 외양간
이 위치해 북서풍을 막는 역할을 톡톡히 하고 있습니다.

집 뒤에는 안방과 건넌방이 있고 창고가 달려 있습니다. 대
부분 자연석을 재료로 기단을 쌓았고 일부는 자연석과 흙을
섞어 쌓았습니다. 비교적 추운 북방식 가옥구조에서 문은 방
과 마루 모두 한지를 바른 띠살문이 일반적입니다.

함경도 일대의 가옥구조는 '밭 전田' 자 모양으로 집이 지어지
고 그 안에 벽체 없이 하나의 커다란 공간을 형성합니다. 기
능면에서 이와 유사한 강원도 고성지역의 구조는 함경도 지
방에 있는 중앙의 정줏간 대신 방과 방 사이에 긴 툇마루가
옥내에 설치되는 유형입니다. 굴뚝은 대부분 사랑방 측면 벽
체 가까이 붙어 있고, 1.2~1.5m정도의 높이로 밑이 넓고
위가 약간 좁은 원통형의 단지를 얹어 놓은 굴뚝 모습은 에
너지를 효율적으로 활용하기 위함입니다. 현재 남한에 남아
있는 유일한 금강산 문화권임을 알려주는 자료가 됩니다.

왕곡마을의 또 다른 특이점은 앞쪽에 담 또는 울타리가 있
는 가옥이 적고 대부분 후면에 담이 있다는 사실입니다. 이
는 마을이 동족촌이고 가옥의 독립성이 그다지 중요하게 인
식되어 있지 않았기 때문으로 보입니다. 대부분 뒷담만 있는
형태를 띠고 있는데, 담의 높이가 비교적 높아 뒷담 길에서
는 지붕만 보여 개인의 사생활이 최대한 보장됩니다. 또 뒷
마당은 반드시 부엌을 통해서만 출입이 가능해 여성들의 공
간이었음을 알 수 있습니다.

왕곡마을은 옛 시간이 그대로 멈춘 듯한 곳입니다. 아름다운
자연 속에서 고즈넉이 전통 문화를 체험하고자 한다면 한 번

1 소담스런 꽃이 만발한 왕곡마을
  한옥집의 뒤뜰
2 개울에서 텃밭으로 향하는 외나무
  다리

쯤 들러보는 것을 추천합니다. 관북지방의 전통가옥이 그대로 전해져 조상의 지혜를 엿볼 수 있는 '왕곡마을 ㄱ자 집의 비밀'을 찾아 가노라면, 조선시대 어느 때를 사는 듯한 착각이 들지도 모릅니다.

왕곡마을에서 하룻밤을 머문다면 송지호와 함께 삼각형을 이루고 있는 공현진 바닷가의 '옵 바위'에서 일출을 보는 것을 추천합니다. 송지호 해수욕장에서 북쪽으로 3킬로미터 위쪽에 있는 공현진은 철책이 쳐 있는 평범한 바닷가로, 앞바다 쪽으로 돌출한 기암괴석이 인상적입니다. 이 기암괴석을 '옵바위'라 부르는데 동해안에서 추암, 정동진과 더불어 대표적인 일출 명소입니다.

송지호에 얽힌 이야기

500여 년 전 송지호는 비옥한 땅이었습니다. 이곳에는 '정거재'라는 부자가 살고 있었습니다. 마음이 인색한 정부자는 일꾼들은 물론 마을 주민들에게까지 사소한 일에 트집을 잡고 횡포를 부렸습니다.

어느 화창한 봄날, 장님이 딸의 손에 이끌려 정부자집 문을 두드렸습니다.

"앞을 보지 못하는 불쌍한 거지이오니 한 푼 도와주십시오."

정부자집 하인이 말했습니다.

"여기가 누구 집인 줄 알고 동냥 구할 생각을 하시오? 어서 돌아가시오."

정부자집 하인들은 주인이 알아채지 못할 때 되돌려 보내려고 했으나 장님은 계속해서 동냥을 호소했습니다.

이처럼 장님과 하인들이 옥신각신 실랑이를 벌이고 있을 때, "웬 놈이냐? 단잠을 깨우는 놈이! 그놈을 당장 끌어들여라!"라는 정부자의 호령이 떨어졌습니다.

대청마루에 앉아 도움을 요구하는 장님을 한참 노려보던 정부자는 "저놈이 내 재산에 달걀 하나를 더 보태는 것을 방해한 놈이다. 닭이 막 알을 낳고 있는 꿈을 꾸고 있는 중인데, 그 꿈을 깨게 하다니. 어이구, 원통해라! 저놈을 마구 치고 오줌이나 잔뜩 먹여 보내라!"라며 소리쳤습니다.

장님은 동냥을 한 푼도 받지 못한 채 하인들에게 모진 매를 맞고 피투성이가 되어 쫓겨났습니다.

길가에서 장님 아버지와 딸이 울고 있는데, 금강산의 유명한 스님이 지나가다 이들을 발견하고는 발길을 멈추고 사연을 물었습니다. 장님은 스님에게 그간에 있었던 일을 자세히 이야기하였습니다. 스님은 이들에게 몇 푼의 엽전을 쥐여주고 정부자의 집을 찾아 목탁을 치고 염불을 외우며 시주를 요청했습니다. 그러자 "시끄럽구나! 저 중놈에게 쇠똥이나 한 짐 지워 보내라!"는 정부자의 호령이 떨어졌습니다.

하인들은 스님을 외양간으로 끌고 가 시주걸망에 소똥을 잔뜩 담은 후 내쫓았습니다. 그때 스님은 옆에 놓여 있던 쇠절구를 정부자의 금방앗간이 있는 쪽으로 던졌습니다. 그러자 쇠절구가 떨어진 곳에서 물기둥이 치솟기 시작했습니다. 스님은 왼쪽 두루마기의 고름을 뜯어 옆에 있는 소나무 가지에 걸고 주문을 외우며 사라졌습니다.

스님이 사라지자 물기둥이 일곱 줄로 늘어나 정부자의 집과 금방앗간 그리고 논이 물에 잠기기 시작했습니다. 놀란 하인들은 스님이 묶어 놓고 간 두루마기 고름에 매달려 물 속에서 나올 수 있었으나 정부자는 물귀신이 되고 말았습니다.

이렇게 하여 둘레가 4km나 되는 송지호가 만들어졌다고 합니다. 지금도 맑은 날 오봉산에 올라 송지호를 자세히 들여다보면 정부자집의 누런 금방아가 보인다고 합니다. 그리고 금방아가 탐이 나서 물 속에 뛰어 들어간 채 영영 돌아오지 않은 사람만도 수백 명이나 된다는 이야기가 전해집니다.

왕곡마을에 가시면 송지호에서 금방아를 찾아보세요. 그렇다고 물에 들어가서는 안 됩니다.

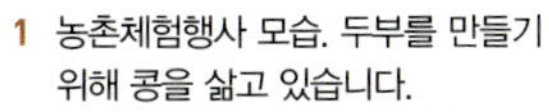

1 농촌체험행사 모습. 두부를 만들기 위해 콩을 삶고 있습니다.
2 두부 만드는 과정을 단계별로 설명해 놓은 간이 전시장

왕곡마을에 얽힌 또 다른 이야기

1392년 7월 11일. 폐위된 고려의 마지막 임금인 공양왕은 원주로 유배의 길을 떠납니다. 그리고 한 달 뒤 왕의 칭호를 박탈당해 공양군으로 강등되면서 간성으로 쫓겨났는데, 공양왕이 머문 곳은 간성읍 금수리 마을 안쪽에 자리했던 수타사로 추측됩니다. 간성으로 쫓겨갔다고 해서 공양왕을 간성왕이라 부르기도 했습니다.

공양왕이 유배길에 올랐을 때 몰래 뒤따르던 이가 있었으니, 함부열 선생이었습니다. 홍문박사와 예부상서를 지낸 그는 이성계가 고려를 무너뜨리고 조선을 개국하자 이를 인정하지 않았습니다.

"두 임금을 섬기지 않는 것이 고려의 신하이거늘 어찌 내가 고려를 무너뜨린 이성계의 수하가 된단 말인가."

패망한 고려의 마지막 왕을 따라나선 함부열 선생은 공양왕을 간성에 모셨습니다. 하지만 조선의 왕 태조는 즉위한 지 3년이 되던 해인 1394년 3월, 공양왕을 삼척으로 재차 유배시켜 버립니다. 그러고는 한 달 뒤인 4월, 왕자 석, 우와 함께 교살시킵니다.

공양왕의 무덤은 삼척시 근덕면 궁촌리와 고양시 원당동 두 곳에 있습니다. 삼척 묘는 처음 묻힌 곳이고, 원당 묘는 조선 왕실에서 시신을 확인하기 위해 끌어올린 뒤에 다시 묻은 곳이라 합니다.

정사는 이러하나 강릉 함씨 집안에 전해지는 이야기는 또 다릅니다. 함부열 선생은 공양왕을 따라와 간성에 살다가 1394년 3월, 삼척으로 두 번째 유배되는 공양왕의 뒤를 따릅니다. 그리고 내려간 지 한 달 만에 간성왕을 살해하기 위해 중앙에서 관리가 내려왔습니다. 기록에는 중추부사 정남진이 내려왔다는데, 함씨 집안에 전해지는 이야기로는 함부열 선생의 형인 형조의랑 함부림(그는 동생과 달리 조선의 개국 공신으로 활동했습니다.) 선생도 동행했다고 합니다.

함부열 선생은 마주친 형에게 간청하여 다른 왕족의 시신만 거두게 하고 간성왕을 간성으로 피신시켰습니다. 그러나 이후 정남진 선생과 함부림 선생은 도저히 조정의 뜻을 거역할 수 없어 간성으로 자객을 보내 간성왕을 살해해 버렸습니다.

공양왕이 서거하고 며칠 후, 함부열 선생은 하늘이 무너져 내리는 슬픔에 몸을 주체할 수 없었지만 고려의 신하된 자로 죽은 공양왕을 모시는 일도 중요한 일이라 생각했습니다. 그는 공양왕을 금수리 수타사에서 가까운 고성 산기슭에 묻으면서 후손들에게 비밀리에 유언을 남겼습니다.

"내가 죽거든 전하의 무덤 아래 나를 묻고, 축문 없이 제사를 지내라."

그는 행여나 공양왕의 무덤이 알려지면 후손들에게 다가올 큰 화를 우려했습니다.

지금도 함부열 선생의 묘 위쪽에는 비석도 상석도 없는 작은 묘가 있는데 함씨 후손들은 공양왕의 무덤이라 믿고 있습니다. 비록 명확한 역사적 기록은 남아 있지 않지만 한 나라의 군왕을 지극정성으로 모신 함부열 선생의 우국충정은 사회적 지도자로서의 자질이 어떠해야 하는지를 보여줍니다.

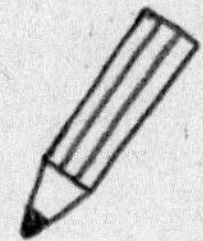

왕곡마을

왕곡마을은 총 8곳에서 머물 수 있는데 요금은 4만 원에서 10만 원 선입니다. 떡 메치기, 두부 만들기 등의 체험을 할 수 있고 토속음식인 막국수와 제첩칼국수, 추어탕, 한과 등을 맛볼 수 있습니다. 숙박체험 예약은 (사)왕곡마을보존회 사무실로 하면 가능합니다.

왕곡마을은 마을 곳곳에 체험장을 조성해 마을 전체가 민속촌 같은 느낌을 줍니다. 마을을 찾는 외부인과 주민이 하나 되어 즐길 수 있도록 있는 그대로의 모습을 보여줍니다. 대표적인 마을 축제로는 '상여 외나무다리 건너기' 행사와 '함씨와 최씨 깃대 싸움놀이' 등이 있습니다.

마을 정보

가는 방법 대중교통 이용 시에는 간성읍에서 10분 간격으로 운행되는 1번 버스를 타고 오봉리 정류장에서 하차한다. 마을까지 도보로 10분 소요된다.

주소 강원도 고성군 죽왕면 오봉리 사단법인 왕곡마을 보존회

전화 (033)631-2120

홈페이지 www.wanggok.kr

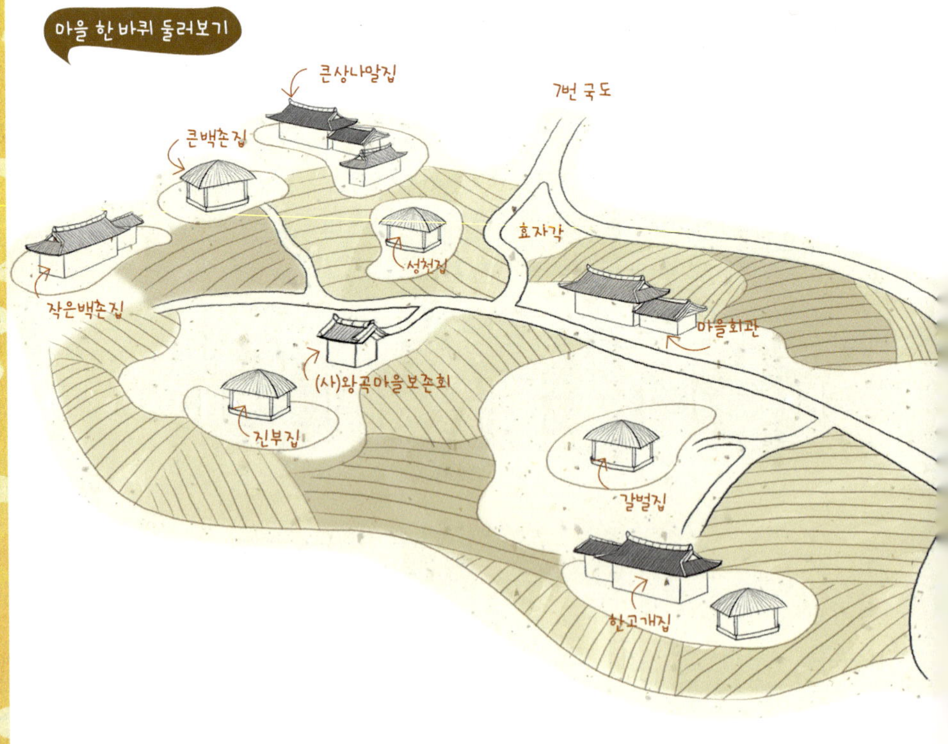

명문가에서의 하룻밤

관동에서 가장 큰 규모였던 사찰

건봉사

6.25 한국전쟁 전에는 우리나라 4개 사찰 가운데 하나로 관동 제일의 사찰이었습니다. 신흥사, 백담사, 낙산사 등을 말사로 거느렸을 만큼 그 규모가 컸으나, 전쟁 때 일부 소실되어 지금의 모습을 갖추었습니다. 무지개 모양의 다리인 능파교(보물 제1336호)가 여행자의 이목을 끕니다.

주소 강원도 고성군 거진읍 냉천리 36번지

전화 (033)682-8100

홈페이지 www.geonbongsa.org

아름다운 절경을 감상하기 좋은 정자

청간정

강릉의 경포대, 고성의 삼일포, 삼척의 죽서루, 양양의 낙산사, 울진의 망양정, 통천의 총석, 평해의 월송정과 더불어 관동팔경의 하나로 손꼽히는 곳입니다. 설악산에서 흘러내리는 청간천과 동해가 만나는 끝자락에 위풍당당하게 서 있는 청간정은 바다와 인접한 아름다운 절경이 인상적입니다.

주소 강원도 고성군 토성면 청간리

최부자 고택

최부자집 뜰을 거닐어 보았습니다. 헛헛한 빈 사랑채 터의 주춧돌이 30년이 넘는 세월 동안 자기의 역할을 못한 것에 대해 아쉬워하는 듯 보입니다. 사랑채 뒤편에 자리한 사당은 경건함이라는 표현이 어울립니다. 가을 단풍을 떨어뜨리며 서 있는 사당의 모습은 마치 최부자집의 과거 영화를 그리워하는 듯합니다.

崔富子 古宅
최부자 고택

서기 1671년 현종 신해년, 삼남충청도, 전라도, 경상도 세 지방을 통틀어 이르는 말에 큰 흉년이 들었을 때 경주 최부자 최국선의 집 바깥마당에 큰 솥이 내걸렸습니다. 주인의 명으로 그 집의 곳간이 열린 것입니다.

'모든 사람들이 굶어 죽을 형편인데 나 혼자 재물을 가지고 있어 무엇 하겠느냐. 이들에게 죽을 끓여 먹이도록 하라. 그리고 헐벗은 이에게는 옷을 지어 입혀주도록 하라.'

고택에서는 큰 솥에다 매일 죽을 끓였고, 인근은 물론 멀리서도 굶어죽을 지경이 된 어려운 이들이 소문을 듣고 최부자 고택을 찾아 몰려들었습니다. 흉년이 들면 한 해 수천수만 명이 죽어 나가는 참화 속에서도 경주 인근에선 주린 자를 먹여 살리는 한 부잣집을 찾아가면 살길이 있었습니다. 그해 이후 이 집에는 가훈 한 가지가 덧붙었습니다.

'사방 100리 안에 굶어 죽는 사람이 없게 하라.'

최부자 고택은 조선 선조 때 무과벼슬을 한 최진립이 기초를 다진 고택으로 300년 동안 만석꾼의 부를 유지한 명문가입니다. 반월성을 우측에 두고 넓게 위치한 최부자 고택은 조선시대 가진 자의 사회적 책임을 지칭하는 노블리스 오블리제noblesse oblige의 상징입니다. 흉년이 들면 백성들에겐 죽음과 절망이 엄습했지만 가진 자에게는 부를 크게 증식할 수 있는 절호의 기회였습니다. 이런 상황으로 비추어볼 때 최부자 고택의 행위는 참으로 많은 생각을 하게 합니다.

"돈을 갚을 사람이면 이러한 담보가 없더라도 갚을 것이요, 갚지 못할 사람이면 담보가 있어도 여전히 갚지 못할 것이다. 이런 담보로 얼마나 많은 사람들이 고통을 당하겠느냐. 땅이나 집문서들은 주인에게 돌려주고 나머지는 모두 불태우거라."

당시 최국선 선생이 아들에게 서궤 서랍에 있는 담보서약 문서를 모두 가지고 오게 한 뒤 지시했다는 말입니다.

가문의 부를 교육사업으로 잇다

1,500여 년의 역사를 단일 민족이 이어오고 있는 도시는 이탈리아 로마와 경주, 두 곳뿐이라고 합니다. 중국 북경이나 서안은 역사는 오래됐지만 이민족이 지배해 단일한 계보를 이어가기 어려울 듯합니다.

반월성 인근에 위치한 고택은 세파에 지친 듯 보수공사가 한창이었습니다. 이 고택은 1971년에 중요민속자료 제27호로 지정돼 조선시대 가옥으로는 일찍 가치를 인정받았습니다.

최부자 고택은 경주 최씨 사성공파의 한 갈래인 가암파 가문입니다. 가암파의 시조인 최진립은 임진왜란 때 의병으로 왜적과 싸우고 나중에 무과에 급제한 뒤 정유재란 때 다시 참전했습니다. 최진립은 마량첨사, 가덕첨사를 거쳐 경흥부사, 통정대부가 됐으며 병자호란 때 적군과 싸우다 전사했다고

반월성
사적 제16호로 신라의 궁궐이 있었던 자리입니다. 성의 모양이 반달같다 하여 이름붙여졌으며, 석빙고도 이곳에 위치하고 있습니다.

1 안채로 향하는 문
2 800석의 곡식을 보관했다고
  전해지는 최부자집 창고

합니다. 이어 그의 셋째 아들 최동량이 집안의 부를 일으킵니다.

그 결과 3대인 최국선에 이르게 되자 최씨 가문은 경상도에서 손꼽히는 대지주가 됩니다. 집안은 대대로 근검절약을 근본으로 삼되 가난한 이와 손님들을 후대했으며, 지나치게 재산을 늘리지 않았습니다. 가훈에 맞는 선행으로 가문은 동학혁명이나 다른 민란 때도 화를 당하지 않을 수 있었다고 합니다. 나라를 생각하는 애국심도 커서 최진립의 11대손인 최준은 독립운동단체에 참가하는 한편 상해임시정부에 독립군 자금을 지원하기도 했습니다. 나라를 잃은 상황에서도 국방의 의무를 다한 셈입니다. 이 사건으로 모진 고초를 당하기도 했다고 합니다.

최씨 가문이 부를 일으킨 방식은, 경주와 포항 일대의 형산강 상류가 합쳐지는 개울가에 둑을 쌓아 대대적으로 조성한 농토에 소작인과 소출을 반반씩 나누는 병작제였습니다. 소작인들이 선호하는 선진적인 이 병작제의 적용으로 마을 사람들이나 노비들은 적극적으로 최씨네 땅 개간에 협력했고, 농토는 기하급수적으로 늘었습니다. 집안 사람들은 스스로 농사일에 앞장 서는가 하면 사람의 똥이나 오줌을 이용한 비료법도 적극적으로 활용해 소출을 높였고, 이앙법을 도입해 적은 인원으로 넓은 논을 경작하기도 했습니다.

해방 뒤 후손인 최준은 국가를 이끌고 갈 인재를 양성한다는 인생의 목표를 위해 전 재산을 털어 대구대학과 계림대학을 세웁니다. 이 두 대학은 현재의 영남대학교가 됩니다. 경주 최부자 고택 300년의 부는 이렇듯 모두 교육사업으로 이어졌습니다. 현재 최씨 가문의 후손들은 과거의 부를 지니고 있지 않을 것입니다. 그렇지만 최씨 가문이 남긴 교훈은 우리 시대를 울리는 경종이 되고도 남을 듯합니다.

'흉년에 땅 사지 말라'는 가훈의 의미

조용헌 선생은 경주 최씨 집안의 가훈을 6개 조로 나누어 설명하고 있습니다. 그 첫째가 '과거를 보되, 진사 이상의 벼슬은 하지 말라.'입니다. 이 가훈은 파시조인 정무공 최진립의 유훈에서 비롯되었다고 합니다. 계기는 최진립이 임진왜란, 정유재란, 병자호란 등의 외침 때마다 조국을 구하기 위해 참전했으나 억울한 귀양살이를 한 뒤 얻은 교훈이라고 합니다.

둘째는 '재산은 1만 석 이상을 지니지 말라.'입니다. 이 상한선을 지키기 위해 후손은 부에 대한 욕망을 절제해야 했고, 정신수양에 더 신경을 쓰게 됐다는 분석입니다. 나아가 경제

입구에서 바라본 사랑채로 최근에 복원한 모습입니다.

적으로도 이 상한선을 지키고자 소작률을 낮추기도 했는데 이로 인해 부의 혜택이 저절로 가문 밖으로 널리 퍼져나가게 됐다고 합니다.

셋째는 '과객을 후하게 대접하라.'입니다. 인심을 얻고 선행을 널리 베풀라는 원칙의 구체적 표현이라고 합니다.

넷째는 '흉년기에는 땅을 사지 말라.'는 충고입니다. 부의 획득 시 남의 불행을 악용하지 않는다는 근본주의적 태도를 갖추고, 이웃과 함께 가지 않는 삶은 오래지 않아 무너진다는 철학에서 나온 것이라고 분석합니다.

다섯째는 '며느리들은 시집온 뒤 3년 동안 무명옷을 입어라.'입니다. 그리고 여섯째는 '사방 100리 안에 굶어 죽는 사람이 없게 하라.'는 내용입니다. 조용헌 선생은 '인심을 잃으면 부자 가문은 죽는다. 사람이 없으면 부는 생성될 수조차 없다'는 뜻이라고 설명합니다.

사성파 2대조 최동량도 '마을 사람과 이웃동네 사람들, 노비들이라는 노동력이 없었다면 그 넓은 농토를 새로 만들지 못했을 것이다. 나아가 인심을 잃었다면 그 숱한 변란의 세월 속에 가문은 여러 번 무너지고 말았을 것이다. 실제로 11대조 최현식 때 가문은 활빈당의 무장 공격을 받았지만 누대에 걸친 선행 덕에 무사할 수 있었다.'고 설명했습니다.

최부자 고택의 과거와 미래

경주 최부자 고택에 이르면 두 가지 이유로 놀라움을 금치 못합니다. 하나는 고택 가운데 있는 큼직한 창고입니다. 행랑채 우측에 자리잡고 있는 이 고방채는 과거 최씨 가문이 농지를 경영해 받은 곡식이 가득 쌓여 있었을 것입니다. 가진 것이 없는 사람들을 배려하고도 저렇게 큰 창고를 채울 수 있는 부를 가졌다는 사실을 생각해 보면 마음이 흐뭇해지기까지 합니다.

최부자 고택 중앙에는 복원된 사랑채를 볼 수 있습니다. 1970년 전기누전으로 추정되는 화재로 소실되었으나 2006년 말 복원되어 최부자집은 옛날 모습을

 명문가에서의 하룻밤

1 마당에서 본 사랑채와 문간채 전경
2 입구와 이어지는 행랑채의 모습

다시 찾았습니다. 다른 고택의 사랑채보다 규모가 큰 최부자 고택의 사랑채는 이웃을 위해 베푸는 마음이 깃든 가훈 때문이 아닌가 하는 생각이 듭니다.

최부자 고택 뜰을 거닐어 보았습니다. 헛헛한 빈 사랑채 터의 주춧돌이 30년이 넘는 세월 동안 자기의 역할을 못한 것에 대해 아쉬워하는 듯 보입니다. 안채로 향하는 집 안은 자세하게 살펴보지는 않았습니다. 후손들이 살고 있는 공간이기 때문입니다. 대신 몇 컷의 자료사진을 찍는 것으로 답사 일정을 마무리하려 했습니다. 그런데 발길을 잡아끄는 하나의 건물이 있었습니다. 사랑채 뒤편에 자리한 근엄한 사당 때문이었습니다. 경건함이라는 표현이 더 정확해 보입니다. 가을 단풍을 떨어뜨리며 서 있는 사당의 모습이 마치 최부자 고택의 과거 영화를 그리워하는 듯합니다.

한 가지 화두를 품고 돌아왔습니다.

'과연 최부자 고택이 다시 과거와 같은 영화를 회복할 수 있을까?'

다가올 미래에 대해 누구도 확답은 하지 못할 것입니다. 그렇지만 최부자 고택의 가훈은 우리 시대가 사회적 윤리로 승화시켜야 할 소중한 가르침으로 거듭나야 한다는 생각입니다.

최부자 고택 인근에 들어서고 있는 한옥들

명문가에서의 하룻밤

사랑채 뒤로 이어지는 사당의 모습의 다소 근엄해 보입니다.

최부자 고택

교동의 경주 최씨 집성촌 근처에 최부자 고택이 있습니다. 그 옆으로는 경주법주의 원조인 교동법주를 제조하는 곳도 위치해 있습니다. 최부자고택에서는 숙박체험이 불가능합니다. 다만 최근 개원한 인근의 교촌체험마을에서 하룻밤 머물며 숙식을 할 수 있습니다. 관리인에 따르면 향후 최부자 고택에서도 숙박할 수 있는 체험프로그램을 준비하고 있다고 합니다.

고택 정보
주소 경주시 교동 69번지
전화 (054)779-6109

고택 한 바퀴 둘러보기

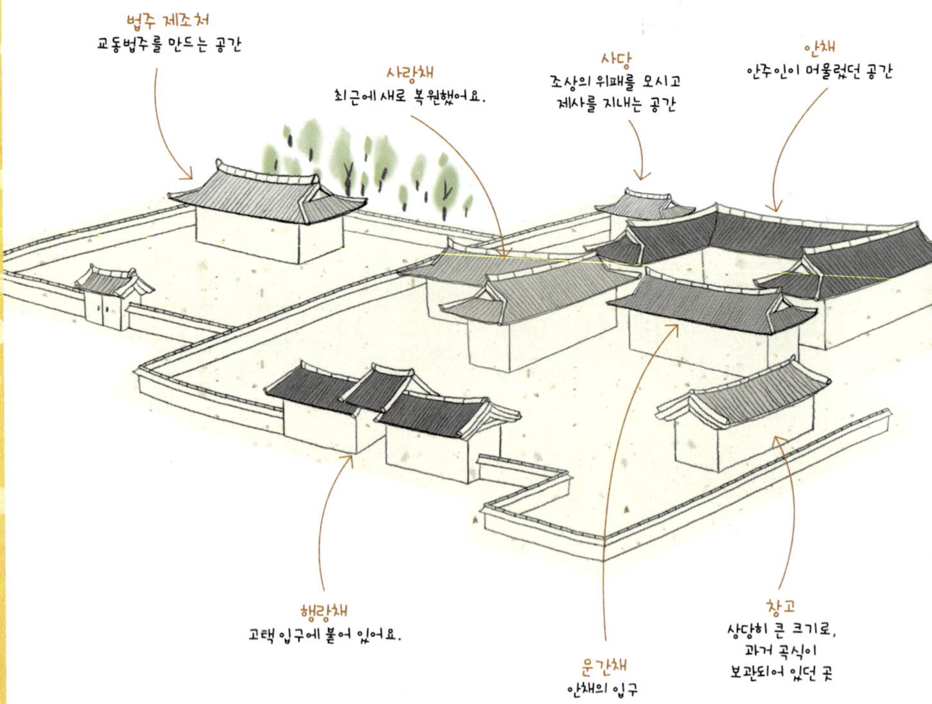

명문가에서의 하룻밤

궁중 비법으로 담근 술
경주법주 제조처

최부자 고택 담벽을 사이에 두고, 중요무형문화재 86-3호로 지정된 교동법주를 대대로 빚어온 집이 있습니다. 교동법주를 처음 만든 사람은 최부자집의 주인인 최국준 선생으로 알려져 있습니다. 그는 조선 숙종 때 궁중음식을 관장하는 사옹원의 참봉을 지내면서 마당의 우물을 사용해 궁중비법으로 술을 담았다고 합니다. 물의 양과 온도가 사계절 내내 거의 일정한 최부자 고택의 우물은 예로부터 물맛이 좋기로 이름 높았다고 합니다. 현재는 기능보유자인 배영신 선생이 최국준 선생의 8대손과 결혼하여 약 40여 년 동안 법주를 빚어오며 기능을 이어오고 있습니다.

교동법주는 술을 빚을 때 이 물을 일단 팔팔 끓인 다음 식혀서 사용하고 법주의 주원료는 토종 찹쌀이라고 합니다. 물과 누룩과 쌀로 빚어지는 순수한 곡주로서, 색은 밝고 투명한 미황색을 띠며, 곡주 특유의 향기와 단맛, 약간의 신맛을 지니고 있습니다. 알코올 도수는 16~18도라고 합니다.

300년이 넘게 이어오는 전통 술에 대한 이야기가 이 집안에 가득합니다. 경주 최부자 고택에 가면 이곳에 들러 전통술 경주법주가 어떻게 만들어지는지도 체험해볼 만합니다.

안 동
임청각

현재는 일제에 의해 건설된 철도가 지나가면서 총 99칸 중 50여 칸을 잃어버렸고, 댐 건설로 인해 유유히 흐르는 물길의 아름다움 또한 찾기가 어렵습니다. 하지만 고택에 서린 기운은 그곳에 서는 순간 느낄 수 있습니다.

臨淸閣 _{임청각}

　　안동시 법흥동에 위치한 임청각은 안동댐 보조댐이
바로 옆에 있고, 중앙선 철로를 끼고 있습니다. 임청각은 고
택 자체의 가치도 가치지만 상해임시정부를 이끌며 국가원
수에 해당하는 국무령을 지낸 석주 이상룡 선생1858~1932이 태
어난 곳으로 유명합니다.

임청각과 석주 선생의 삶은 자라나는 아이들에게 살아있는
역사교육장이 되고 있습니다. 유림 이승목의 장남으로 태어
난 석주 선생의 본관은 고성이며, 어릴 때 이름은 상희, 호는
석주입니다. 평생 부귀영화를 누리며 살 수 있었지만 석주
선생은 조국과 종갓집, 조상 산소와 수많은 전답을 남겨둔
채 삭풍이 휘몰아치는 만주 땅으로 떠났으니 그 감회는 미루
어 짐작할 만합니다. 일찍이 퇴계학 전통을 이은 석주 선생

1 조선시대 때 임청각의 모습을 담은 그림
2 임청각의 사당. 조상들을 위해 제사를 지내는 공간입니다.

은 1876년 강화도 조약에 충격을 받아 위정척사활동을 하다가 1895년 일본공사 미우라가 주동이 되어 명성황후를 시해하는 을미사변을 일으키자 울분을 참지 못하고 구국의병활동을 시작했습니다. 또한 신학문을 통해 서양의 민주제도에 눈을 뜬 석주 선생은 자신이 거느리던 종들을 해방시키고 그들의 노비문서를 불살랐습니다.

1911년, 석주 선생은 50여 가구의 가솔들을 데리고 중국으로 망명합니다. 그리고 그 해, 만주에서 경학사를 창설하고 부설기관으로 신흥무관학교를 설립합니다. 1919년에는 서로군정서 조직의 독판督辦 국가원수에 취임하는 등 독립운동을 전개했습니다. 1922년에는 대한독립군단 등 8단 9회의 단체를 통합해 '대한통의부'를 성립시켰고 그 총재로 나섰습니

명문가에서의 하룻밤

다. 1925년에는 상해 임시정부의 개정헌법에 따라 초대 국무령국가원수으로 선출, 취임했습니다. 그러나 석주 선생은 바로 이듬해 국무령을 사임했습니다. 이를 두고 군정부에서 반대 여론이 높았지만 석주 선생은 "나는 임시정부를 세우기에는 아직 이르다고 생각하지만, 이미 정부를 세웠으니 광복 대도에 분열이 있어서는 안 된다."라며 동지들을 설득시켰습니다. 그 후에도 독립운동을 해 왔던 석주 선생은 1932년 75세를 일기로 꿈에도 그리던 조국 광복을 보지 못한 채 길림성에서 서거했습니다. 서거 당시 석주 선생은 애절한 유언을 남겼습니다.

"조선 땅이 해방되기 전에는 나를 데려갈 생각을 하지 마라. 조선이 독립되면 유골을 소지에 싸서 조상 무덤 발치에 묻어 달라. 외세 때문에 주저하지 말고 더욱 힘써 목적을 달성하라."

선생은 이후 그 공로가 인정되어 1962년 건국훈장 '독립장'이 추서됐습니다.

중앙선 철로변의 99칸 붉은 기와집

안동에서 영주로 향하는 선로 중앙선이 지나가는 관계로 임청각의 기와는 눈에 잘 보이는 붉은 기운을 띠고 있었습니다. 조그마한 동굴을 지나야 임청각으로 들어갈 수 있었습니다. 기차 선로 앞에 진한 감색의 '임청각 군자정'이라는 글귀가 선명합니다.

임청각은 500여 년간의 유구한 역사를 지닌 안동 고성 이씨의 대종택입니다. 99칸의 기와집으로 지어진 임청각은 안채, 중채, 사랑채, 사당, 행랑채는 물론 아담한 별당(군자정)과 정원까지 조성된 조선시대 전형적인 양반가입니다.

임청각이 지어진 시기는 조선 세종 때 좌의정을 지낸 용헌공 이원의 손자인 임청홍 선생이 벼슬을 버리고 돌아온 1519년이었습니다. '임청각'이라는 당호는 도연명의 '귀거래사' 구절 중 '동쪽 언덕에 올라 조용히 읊조리고, 맑은 시냇가에서 시를 짓는다登東皐以舒嘯, 臨淸流而賦詩'라는 시구에서 '임臨' 자와 '청淸' 자를 취한 것입니다. 이중환의 〈택리지〉에 의하면 '임청각은 귀래정, 영호루와 함께 고을 안의 명승이다'라고 기록되어 있어 이곳의 아름다움을 전하고 있습니다. 18세기에는 시詩·서書·화畵·악樂의 일가를 이룬 허주 이종구 선생이 이 집 주인이었고 구한말에는 독립운동가 9명을 배출한 민족의 정기가 어린 집입니다.

그런 만큼 지형 또한 예사롭지 않습니다. 뒷산인 영남산을 배경으로 앞으로는 낙동강이 유유히 흘러 임하댐에서 흘러내리는 반변천과 합쳐집니다. 전형적인 배산임수 지형입니다. 큰 줄기로 보자면 일월산이 뻗어내려 이곳에서 그친 무협산에 이르게 되고, 멀리 강 건너에는 문필봉과 낙타산 연봉에 수려하게 에워싸여 절경을 이룹니다. 그렇지만 현재는 일제에 의해 건설된 철도가 지나가면서 총 99칸 중 50여 칸을 잃어버렸고, 댐 건설로 인해 유유히 흐르는 물길의 아름다움 또한 찾기가 어렵습니다. 하지만 고택에 서린 기운은 그곳에 서는 순간 느낄 수 있습니다.

1 안채로 향하는 행랑채의 방문. 구들 방의 연기가 빠지도록 한 구조물이 보입니다.

2 안채 모습. 하늘이 보이는 'ㅁ'자 형의 독특한 건축양식이 특징입니다.

임청각은 영남산 기슭의 비탈진 경사면을 이용하여 계단식으로 기단을 쌓아 안채, 중채, 사랑채, 행랑채 등의 건물을 배치했습니다. 그래서 빛이 많이 들어오게 했으며 각 동 사이에는 크고 작은 5개의 마당을 두어 공간 활용도를 높였습니다. 대문을 열고 들어서면 좌측에 중심건물이 있고, 그 우측에 담장을 사이에 두고 군자정이 위치하며, 군자정의 바로 옆에는 네모 모양의 연못이 있고, 연못 옆 언덕 위에는 사당이 자리 잡고 있습니다.

임청각에 딸린 군자정은 전형적인 양반가의 별당형 정자입니다. 정자 옆에는 연못을 조성하여 연꽃을 심었습니다. 연못과 정자의 조화는 환상적입니다. 정자 옆 연못을 지나 정면 3칸, 측면 2칸 크기의 언덕 위 사당에서 내려다보는 경치는 군자정의 아름다움을 대변해 줍니다. 군자정 안에는 농암 이현보 선생을 비롯한 여러 묵객들의 작품이 남아 있다고 합니다. 이 중에 '군자정君子亭'이라는 현판은 퇴계 이황 선생의 글씨로 그 단아한 서체가 무척 아름답게 보입니다.

사당에는 원래 4대의 위패를 함께 봉안하였으나 독립운동가였던 석주 선생이 한일합방이 되자 구국의 일념으로 독립운동을 하기 위해 만주로 떠날 때 모두 땅에 묻어 현재는 신위가 없습니다.

석주 선생이 태어났다는 방은 입구 바로 좌측에 위치하고 있습니다. 일명 '우물방'이라고 합니다. 이 방은 고성 이씨 집안 대대로 큰 인물이 태어난 장소라고 합니다. 전해 내려오는 이야기에 따르면 이 우물방에서는 세 명의 정승이 난다고 합

연못을 끼고 있는 사랑채, 군자정의 모습.
임청각을 대표하는 건물로 보물 제182호로 지정돼 있습니다.

니다. 그 중 한명이 석주 선생이고, 다른 한명은 외손인 문헌공 류후로1798~1876, 조선 말엽 좌의정을 지냄 선생이라고 합니다. 그 다음 한명은 아직 나오고 있지 않았다고 하니, 분명 후세에 훌륭한 정승이 나올 듯합니다. 혹여나 임청각의 우물방에서 하룻밤을 머문다면 큰 행운을 누리게 될지도 모를 일이지요. 참고로 이 우물방 앞에는 아직도 우물이 있답니다.

임청각을 둘러싼 세 가지 이야기

임청각에는 흥미로운 사실 세 가지가 전해 내려오고 있습니다. 첫째는 20대까지 양자 없이 종자종손으로 계승되어 왔다는 사실입니다. 그러나 국권회복운동 와중인 21대에 조카가 양자로 들어가는 운명을 맞았습니다. 공교롭게도 임청각의 종자종손 계승이 단절됨과 동시에 우리나라의 국운이 단절되는 비운을 겪은 셈입니다. 혹시 일제시대의 아픔을 몸으로 부닥치며 항거했던 석주 선생의 원혼이 운명과 연관이 있는 건 아닐까요?

둘째는, 임청각 가문이 상해임시정부의 국무령을 지냈던 석주 선생을 비롯한 많은 항일 운동가를 배출한 사실입니다. 석주 선생 일가는 항일운동을 해온 가문으로, 집안에서 모두 9명이 건국공로훈장을 받았습니다. 이들은 대부분 석주 선생을 도와 활동하거나 독자적으로 조선의 독립을 위해 헌신적인 활동을 해온 공로가 인정돼 훈장을 추서받았습니다.

셋째는 이 집안의 부가 단절된 적이 없었다는 사실입니다. 그래서 임진왜란 때는 이곳에 명나라 군대가 주둔하기도 하고, 흉년 때는 기근에 사는 주민들을 구휼하기도 했다고 전

명문가에서의 하룻밤

해집니다. 부를 세습할 수 있었던 비책은 전해 내려오는 자료가 없어 정확히 알 수 없습니다. 그러나 명나라 군대가 주둔한 것으로 보아 당시 조정의 상당한 신뢰를 받고 있던 가문으로 예상되며, 군자정의 현판을 퇴계 선생이 쓴 것을 보더라도 당시의 권세는 짐작이 가고도 남습니다.

이러한 권세는 저절로 후세까지 내려오는 것은 아닌 듯합니다. 경주 최씨 가문이나 구례 운조루에 내려오는 전통처럼, 임청각 역시 흉년이 되면 주민들에게 쌀을 나누어 주었다고 합니다. 분명 '가진 자로서의 사회적 책임'을 충실히 한 것으로 보입니다.

수모 당했던 역사와 현재의 임청각

일제는 석주 선생의 생가였던 이곳에 중앙선 철로를 건설했습니다. 1931년 중일전쟁 당시, 일본은 물자를 수송하거나 조선의 물자를 일본으로 빼돌리기 위해 중앙선을 건설합니다. 바로 이런 시기에 임청각에 중앙선이 건설됐다는

석주 선생이 태어난 우물방

것은 당시 항일운동을 활발히 하던 석주 선생과 일제의 악연
을 여실히 보여줍니다. 일제는 철로를 건설하면서 50여 칸
의 행랑채와 부속건물을 철거했다고 합니다. 그러나 이러한
수모를 당한 뒤에도 임청각은 당당한 모습을 보여주고 있습
니다.

임청각은 대대손손 잘 보존해야 할 고택임이 틀림없습니다.
일제가 건설해 놓은 철로에 의해 기와지붕이 붉은 색을 띠고
있어 오히려 여타 고택과 사뭇 다른 분위기를 연출하는데,
이것이 임청각의 가장 큰 특징입니다.

임청각은 또한 임진왜란을 겪은 가옥입니다. 그래서 여러 가
지 전설과 일화를 간직하며 500여 년 동안의 세월을 후손들
이 지켜오고 있습니다.

명문가에서의 하룻밤 ● ●

임청각을 방문한 날 참으로 아이러니한 광경을 만났습니다. 일본 관광객으로 보이는 몇 명이 이곳에서 머물기 위해 상담을 하고 있었습니다. 그 자리에는 임청각을 관리하는 분과 안동 민속에 관해 조예가 상당한 분이 함께 있었습니다. 독립투사의 집에 일본인이 관심을 가진다니, 기분이 조금 이상했습니다. 모든 이들에게 개방한 곳이니 별 문제가 될 일은 아니지만, 석주 선생이 살아 계셨다면 어떡하셨을까, 하는 생각이 불현듯 스쳤습니다. 그러나 다른 한편으로는 우리의 역사적인 고택에 관심을 갖는 일본인들의 마음이 반갑게 느껴지기도 했습니다.

임청각은 일제시대 때 고택에 대한 등기를 하지 않아 오랫동안 소유권이 다른 이에게 있었습니다. 현재 이 고택에 머물고 있는 석주 선생의 후손 이항증 선생과 여러 사람들의 노력으로 비로소 소유권을 돌려받게 되었습니다.

임청각은 한평생 독립을 위해 헌신한 선비의 올곧은 정신을 배우기에 가장 적당한 곳입니다. 앞으로 나라와 민족을 위해 일할 수 있는 호연지기를 지닌 자녀가 있다면 반드시 하룻밤 머물러 보기를 권합니다.

임청각

전형적인 배산임수 지형에 자리 잡은 임청각은 강과 산이 절경을 이루는 곳입니다. 이곳에서 하룻밤을 머물려면 사전에 전화나 인터넷을 통해 예약을 해야 합니다. 단체로 방문 시에는 40명까지 숙박이 가능합니다. 식사 여건은 좋지 않으니 인근의 향토음식점을 이용하는 것이 좋습니다.

고택 정보

가는 방법 우선 안동 시내로 들어가야 한다. 승용차 이용 시, 중앙고속도로를 타고 서안동에서 안동 시내로 들어가 안동댐 방향으로 가면 고가도로가 나온다. 고가도로 위를 지나지 말고 유턴해 우측으로 돌면 임청각이 나온다.

주소 경상북도 안동시 법흥동 20번지

전화 (054)853-3455

홈페이지 www.imcheonggak.com

고택 한 바퀴 둘러보기

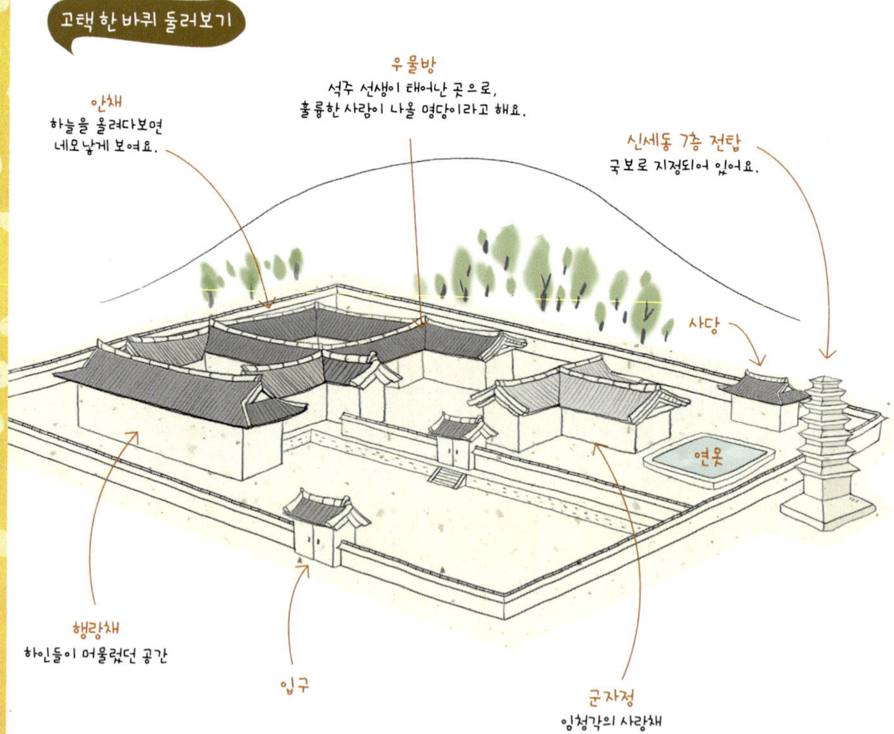

명문가에서의 하룻밤

우리나라에서 가장 크고 오래된 전탑

신세동 7층 전탑

안동 지역은 전탑이 많기로 유명합니다. 이는 석탑을 부재로 많이 사용했던 신라보다 전탑을 부재로 많이 사용했던 고구려의 영향이 이곳까지 끼친 것으로 학자들은 보고 있습니다. 임청각 옆에 위치하고 있는 신세동 7층 전탑은 안동을 대표하는 전탑이자 우리나라를 대표하는 전탑입니다. 이 전탑은 목탑형식을 띠고 있어 석탑 이전에 목탑이 먼저 만들어졌다는 사실을 말해주고 있습니다.

신세동 7층 전탑은 국내에서 가장 크고 오래된 전탑으로 인정받아 현재 국보 제16호로 지정돼 있습니다. 사람에 의해 조성된 탑이 천년 세월을 버티고 서 있음을 보면서 문화유산의 소중함을 새삼 깨달을 수 있을 것입니다.

주소 경상북도 안동시 법흥동 8-1

영월

주천고택
조견당

조견당에는 '남에게 베풀다 가세가 기운 집'이라는 이야기가 전해집니다. 고택을 지을 당시 많은 재화를 소진해 다시 과거의 권위를 되찾기 힘들었다는 이야기입니다. 그러나 백성을 규휼하는 정신은 여전히 고택 유물 여기저기에 그 흔적을 남기고 있습니다. 인걸은 없어졌어도 그 인걸들이 남긴 정신만은 오롯이 고택에 전해지고 있습니다.

반야심경의 '조견 오온개공'에서 따 왔다는 '조견당' 현판

照見堂 _{조견당}

"이 많은 인파를 어떻게 감당한단 말인가? 그냥 내칠 수도 없고……."

조선 말 조견당을 지은 김현만 선생은 큰 고민에 빠졌습니다. 증조부 때부터 주천에 자리를 잡고 부자가 되어 이제 이곳에 세거지를 마련할 요량으로 집을 지으려는데, 너무도 많은 사람들이 집 짓는 공사에 참여하겠다고 몰려든 것입니다. 말이 공사 참여지, 어려운 살림에 먹을 것을 해결하려는 유민들이 구름처럼 몰려와 어떻게 할지 걱정이 앞섰습니다. 하지만 그는 이내 마음을 굳혔습니다.

"그래, 오죽했으면 이 많은 사람들이 우리 집을 짓겠다고 몰려왔겠는가?"

이렇게 해서 시작한 집 짓는 작업은 아홉 해가 지나서야 상량_{대들보를 올리는} 집짓기의 마지막 단계을 할 수 있었습니다.

김현만 선생이 조견당을 지었지만 사실 그 기반을 마련한 사람은 김낙배 선생입니다. 김해 김씨 안경공파의 한 가문이었던 김낙배 선생이 주천마을 입향조입니다. 김낙배 선생은 조선 숙종 연간에 한양에서 양반으로 권문세가의 위세를 떨쳤으나 당쟁에 휘말려 목숨이 위태로워지자 제천과 충주 사이에 있는 귀례라는 지역으로 은둔합니다. 3년 여 동안 숨어 있는 김낙배 선생은 그곳에 정착하기가 어려워 다시 원주로 옮기게 됩니다.

그러던 중 한 귀인이 나타나 "치악산 끝자락인 망산에 가면 머물기 좋은 땅이 나올 것"이라고 일러줍니다. 김낙배 선생이 그 말을 듣고 산을 넘고 물을 건너 주천에 도착해 보니 과연 자신이 세거지로 삼을 만한 지역이 눈앞에 나타났습니다. 마을 산등성이에 '빙허루'라는 누각이 있고 주천강이 유유히 흐르는 길지였습니다. 아무 망설임 없이 이곳에 정착한 김낙배 선생은 주천강 선착장을 인수해 부를 축적하기 시작했습니다. 당시 주천지역은 남한강과 동강에서 배가 들어오는 선착장이 있던 지역이어서 장사를 하기에 좋은 여건이었습니다. 그는 양반의 굴레를 벗어 던지고 중인으로 상업에 뛰어드는 실리를 취합니다.

지역에서 나는 약재와 목재, 잡곡을 확보해 수로를 통해 올라오는 젓갈과 소금을 사들여 부를 축적한 김낙배 선생이 지역의 부호가 되기까지는 그리 오랜 시간이 걸리지 않았습니다. 그는 조선에서 유명한 인삼, 모피 등을 확보해 북쪽으로는 황해도 의주까지 올라가 서양에서 들여온 물건과 맞바꾸기도 했습니다. 남쪽으로는 부산 동래까지 진출해 일본을 통해 건너온 물건을 사들여 국내에 유통시키기도 했습니다.

가업은 대물림이 되었고 부는 계속 축적됐습니다. 김낙배 선

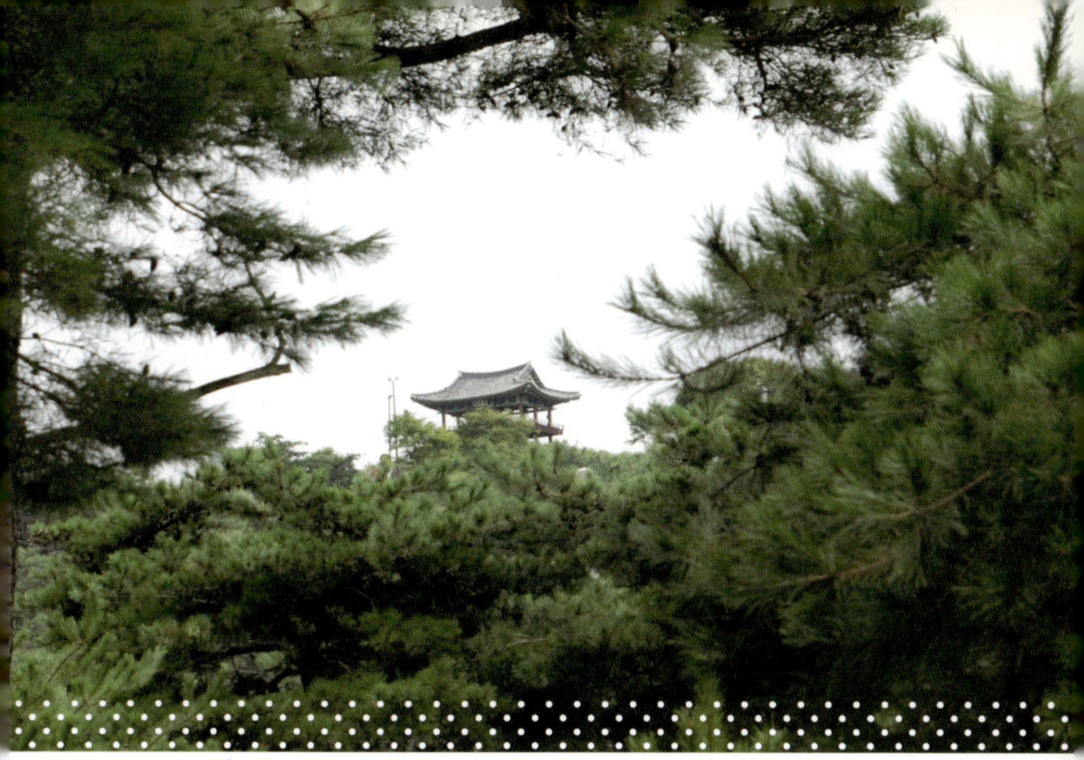

주천고택 소나무 사이로 보이는,
치악산 끝자락 망산에 있는 '빙허루'

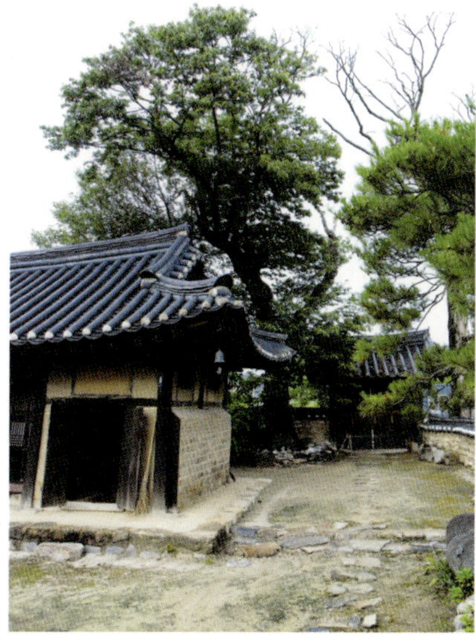

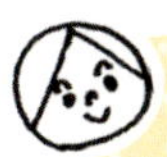

고택 뒤뜰에 서 있는 고목이 고택의 오랜 역사를 말해줍니다.

생의 증손자인 김현만 선생은 주천에 안착하기 위해 40칸 규모의 집을 지을 계획을 세웠습니다. 하지만 집을 짓는다는 소식이 사방에 알려지자 전국에서 집 짓는 일을 하겠다는 사람들이 구름같이 몰려왔습니다.

당시에 집 짓는 일을 한다는 것은 먹을 것을 얻을 수 있다는 의미와 상통했습니다. 당사자뿐만 아니라 굶주리는 가족의 끼니까지 해결하고자 하는 사람들이 주천강변 소나무 숲에 장사진을 쳤다고 합니다. 베풂에 인색하지 않았던 김현만 선생은 민초들의 굶주림을 그냥 넘길 수가 없어 9년에 걸쳐 무려 99칸의 대저택을 지었습니다. 당시 100칸을 넘지 못하게 집을 짓는 규율이 있었지만 실제 조견당은 주천강 입구에 따로 20여 칸을 지어 실제 규모는 120칸이 넘었을 것으로 추측됩니다. 그리하여 조견당은 1827년이 되어서야 상량을 할 수 있었다고 합니다.

조견당에는 '남에게 베풀다 가세가 기운 집'이라는 이야기가 전해집니다. 고택을 지을 당시 많은 재화를 소진해 다시 과거의 권위를 되찾기 힘들었다는 이야기입니다. 때마침 일제 시기를 지나면서 방죽이 만들어져 고택 규모도 상당히 축소되었다고 합니다. 한국전쟁 역시 주천고택의 영화를 후퇴시켰습니다. 그러나 백성을 규휼하는 정신은 여전히 고택 유물 여기저기에 그 흔적을 남기고 있습니다. 인걸은 없어졌어도 그 인걸들이 남긴 정신만은 오롯이 고택에 전해지고 있습니다.

몇 년 전만 해도 친척에게 맡겨져 있던 고택을 지금은 주인이 관리하고 있습니다. 사전에 방문 계획을 전하니 주인은 자신이 있을 때 방문해 달라고 했습니다. 그래야 고택에 대해 자세하게 설명해줄 수 있다는 말이었습니다. 주인 김주태 선생은 MBC에서 근무하고 있는 베테랑 언론인이었습니다.

주천고택 조견당은 '반야심경'의 한 구절인 "조견오온개공照見五蘊皆空"에서 따왔다고 합니다. 그래서 세상 사람들에게 각자 "오온五蘊, 즉 색色, 수受, 상想, 행行, 식識의 물질적·정신적 작용에 의해 일어나는 다섯 가지 경계가 모두 공하다는 것을 조용히 비추어 보라"는 의미를 담아냈습니다.

결국 이 고택은 '밖으로 흐트러진 세상의 번뇌를 내면 깊숙한 곳에서 관조하며 차분하게 가라앉히라'는 뜻을 담고 있습니다. 조견당은 대대로 법흥사와 깊은 인연을 맺었다고 하니, 아마도 조견당이 법흥사의 주천포교당 정도가 되지 않았을까 하는 생각이 듭니다.

고택 입구 모습. 굽은 소나무가 고택의 분위기와 어울립니다.

주천고택 조견당은 크게 행랑채와 동별당, 서별당, 바깥사랑채와 안사랑채, 안채, 사당 등의 구조로 지어졌습니다. 처음 이 고택을 지을 때는 주천강 제방이 없어 강물이 고택 뒤편으로 흘렀다고 합니다. 하지만 1941년 일제시대 때 제방을 축조하면서 행랑채와 부속 건물이 소나무 숲과 함께 훼손돼 버렸습니다. 6.25때 폭격으로 안채를 제외한 모든 건물이 소실되는 아픔을 겪었습니다. 한국전쟁 때 조견당은 인민군의 연대본부로 사용됐기 때문입니다.

그나마 안채가 보존될 수 있었던 것은 안채 옆에 자라고 있던 500여 년이 된 밤나무가 안채를 가려주었기 때문입니다. 보호수로 지정되었던 밤나무는 몇 년 전 고사해 버렸고, 그 후손이 되는 어린 밤나무가 안채 뒤편 밭에서 자라고 있습니다. 세월의 영고성쇠에 남아 있는 안채마저도 전쟁의 상흔에 3도 정도 기울어져 있습니다. 고택을 복원하려는 후손들의 노력으로 안사랑채와 바깥사랑채, 별채가 복원돼 이제는 고택의 기품을 찾아가고 있습니다.

건축 당시의 유일한 건물인 안채는 비교적 잘 보존돼 있습니다. 이 건물은 대부호 저택의 특징을 잘 보여줍니다. 대개 권력을 가진 권문세가는 잘 다듬어진 화강암을 주춧돌을 사용하는데 조견당은 철저하게 자연석을 주춧돌로 썼습니다. 그만큼 권세를 가지고 있지 않았다는 증거입니다. 대신 인근의 큰 자연석을 돈을 들여 옮길 수 있는 재력을 가졌다는 것을 뜻하기도 합니다.

부자의 집이라는 증거는 거대한 대들보에서도 보입니다. 얼마나 큰 소나무 대들보를 올렸는지 대들보 위에 부재도 없이 곧바로 상량목이 세로로 놓여 있습니다. 이 대들보는 가로 지름이 1.4m나 됩니다. 나무를 다듬어 낸 것을 감안하면 목재 전문가들은 수령이 최소한 800년은 된 것으로 유추됩니다.

1 주천고택 뒤쪽 담장. 과거에는 이 담장 너머까지 고택의 영역이었다고 합니다.
2 고택의 쌀 뒤주와 금고. 쌀뿐 아니라 각종 재물을 보관했을 것으로 추측됩니다.

주천고택 마루 대들보. 목재의 크기는 이 집을 지은 주인의 당시 위세를 짐작하게 해줍니다.

음양오행의 조화를 이룬 집

조견당 건축의 백미는 팔작지붕 사이에 새겨진 합각 문양입니다. 대개 합각은 그냥 회칠을 하거나 나무로 막아 아무런 멋을 내지 않는데, 조견당에는 동쪽과 서쪽 북쪽에 모두 문양이 새겨져 있습니다. 이런 건축방식은 궁궐에서나 행해졌던 양식이기 때문에 조견당 건축을 총감독한 대목장은 한양에서 궁궐을 지은 경력자였을 것으로 추측됩니다.

동쪽은 해가 뜨는 방향이어서 2개의 기단석을 놓고 해를 만들어 놓았고, 서쪽 역시 2개의 기단석을 놓고 달을 새겨 넣었습니다. 북쪽은 동쪽이나 서쪽보다 더 높은 3개의 기단석을 놓고 별을 새겼습니다. 하나의 기단을 더 올린 이유는, 조상의 사당을 모시는 이 곳이 더욱 신성하다는 것을 상징하기 위해서입니다. 그래서 조견당은 '해와 달과 별을 품은 집'이 되는 셈입니다.

지붕에 음양의 이치를 새긴 문양이 있다면 동쪽 벽에는 오행을 상징하는 화방벽이 만들어져 있습니다. 화방벽은 흑, 백, 황, 적, 청색의 다섯 가지 돌을 다듬어 단을 쌓고 흙을 올려 놓는 방식으로 만들어져 있습니다. 이 다섯가지 색은 전통적으로 동서남북과 정중앙의 오행을 상징합니다.

김주태 선생은 "이렇게 음양오행의 문양을 만들어 넣은 것은 집이 단순히 생활공간으로서의 의미뿐만 아니라 하늘과 땅 그리고 우주 만물을 상징하는 철학적 사유공간을 의미하고 있다"고 설명합니다.

고택의 팔작지붕 사이에는 해와 달과 별문양이 새겨져 있는데,
이는 궁궐에만 있는 양식입니다.
그래서 이 고택을 '해와 달과 별을 품은 집'이라고 부르고 있습니다.

1 마을의 중요한 일을 결정할 때 거는 깃발. 주천고택에 보관하고 있었다는 사실은
이 고택이 지역주민과 깊이 소통하고 있었다는 증거입니다.
2 무병장수와 부를 빌었던, 무명실을 감은 흰 한지

소통의 중심에 서다

조견당은 대대로 지역사회와 소통하는 공동체의 중심공간으로서의 위상을 상징하는 깃발도 보유하고 있습니다. '주팔정송삼등周八政宋三登'이 적힌 깃발인데 붉은 광목에 하얀색 글자로 쓰여 있습니다. 내용은 '주나라 때와 송나라 때의 정치와 세금법을 적용했을 때 가장 태평성대를 누렸다'는 의미로 보입니다. 결국 이 깃발은 지역사회를 아우르는 보이지 않는 엄격한 규율을 잡는 방편이 되지 않았을까 하는 생각이 듭니다. 김주태 선생은 돌아가신 선친이 족보보다 더 소중히 여긴 이 깃발을 보면서 구한말 나라가 어려웠을 때 의병을 모으는 깃발로도 사용되지 않았나 하는 추측도 합니

명문가에서의 하룻밤 ● ●

다. 10년 동안 집을 지으면서 수천 명을 구휼했던 조견당 주인의 넉넉한 마음은 2000년에 작고한 김주태 선생의 모친에게까지도 이어졌다고 합니다.

"언제나 저희 집은 손님들로 북적였어요. 어머니는 국수를 만드시다가도 손님이 오면 절대 내치지 않으셨어요. 그저 '홍두깨 두 번 더 밀고 호박 좀 더 썰어 넣으면 된다'고 하시면서 손님을 극진히 대접했지요."

조견당에는 아주 독특한 풍습도 있습니다. 대대로 집안 종부는 매년 흰 한지에 무명실을 감고 그해 올라오는 소나무 중앙의 윗부분인 상순을 잘라 대청마루에 매달아 놓습니다. 한지는 생활용품의 으뜸을 뜻하고, 무명실은 무병장수를 뜻합니다. 소나무 상순은 으뜸을 뜻합니다. 종합해 보면, 넉넉한 생활과 건강과 세상을 밝히는 지도자가 되라는 종부의 간절한 바람이 담겨 있습니다.

김주태 선생은 최근 조견당으로 이사를 했습니다. 직장이 서울에 있어 주중에는 서울에 머물지만 주말에는 온 가족이 조견당 주인으로서의 역할을 하고 있습니다. 조견당이 가진 정신적 가치를 계승해 후세에게 전하겠다는 큰 뜻을 실현하기 위해 귀향을 한 것입니다.

"조견당은 이제 사람의 온기가 넘쳐흐르는 고택이 될 겁니다. 저희 조상님들이 남겨준 고택의 외형을 복원하고 아울러 우리가 반드시 우리사회에서 갖추어야 할 '가진 자로서의 사회적 책무'를 다하는 정신을 배울 수 있는 가문의 전통을 전하는 데 노력하겠습니다."

김주태 선생은 조견당 인근을 효와 관련된 주제를 담은 체험

장으로 만들고 싶어합니다. 그 첫 단추로 주천강을 건너 금
산 밑에 있는 '의로운 호랑이의 무덤'을 뜻하는 '의호총' 부지
를 영월군에 기증했습니다. 군은 이와 관련된 조형물을 세우
고 공원으로 개방하고 있다. 일반적으로 무덤에 총이라는 이
름이 들어가면 임금의 무덤입니다. 여기에는 재미있는 전설
이 전해지고 있습니다.

이 세상에 내 것이라고 주장할 만한 것이 어디 있겠나, 하고
생각해 봅니다. 우리 사회의 재물은 모두가 함께 공유하다가
이 세상을 떠날 때는 모두 남겨두고 가야 할 공동의 소유물
입니다. 주천고택 조견당 체험여행은 우리와 우리 아이들에
게 어떤 마음가짐을 가지고 살아가야 하는지를 제대로 보여
줍니다.

| 주천고택 주인인 김주태 선생의 모습

명문가에서의 하룻밤 ● ●

의호총 이야기

옛날에 금산 밑에 금사하라는 이가 살았는데 부모에 대한 효성이 지극했습니다. 그러던 어느 날, 어머니가 갑자기 위중해 급히 약을 지어 와야 했으나 약방이 강 건너 주천에 있어 배를 타고 건너야만 했습니다. 때마침 장마가 져서 배를 붙이지 못하자 금사하는 초조하고 어쩔 줄을 몰라 발을 동동 굴리고 있었습니다. 그런데 어디선가 커다란 호랑이 한 마리가 나타났습니다. 금사하는 급한 마음에 도와주지 않겠냐고 부탁했습니다. 그러자 호랑이는 앞발을 숙이며 등에 타라는 시늉을 했고, 호랑이의 등에 올라타고 강을 건너 약을 지어와 어머니의 병을 낫게 할 수 있었습니다.

금사하는 아버지가 돌아가셨을 때도 산소에서 3년간 시묘를 살았습니다. 그때도 호랑이와 함께 지내며 한가족같이 의지했습니다. 그러던 금사하는 아버지의 3년 시묘가 끝나기도 전인 1720년에 숙종왕이 승하하는 국상을 맞게 됩니다. 나라에 대한 충성심이 남다른 그는 남루한 베옷상복을 입고 매일 망산(주천의 남쪽 강 건너에 있는 산봉우리)에 올라 궁중을 향해 절을 하며 3년상을 치렀습니다. 그 3년 시묘살이 역시 호랑이가 함께했습니다.

3년 동안의 국상을 마친 3일 후, 그 호랑이는 금사하 집 마당에 와서 엎드려 죽었습니다. 금사하는 호랑이를 부친의 산소 옆에 묻어주었습니다. 그 후 그가 어려운 일을 당할 때마다 호랑이가 꿈에 나타나 일러주어 가문이 번창했다고 합니다.

후손들은 이후에도 계속해 호랑이 제사를 지내주었습니다. 이 소문이 조정에 알려지자 금산을 중심으로 사방 10리를 사패전(국왕이 신하에게 특별히 하사하는 땅)으로 하사해 호랑이 제사를 지내도록 했습니다. 그러나 욕심 많은 강원감사가 와서 사패전을 몰수해 팔아 버린 후부터 호랑이 제사도 끊기고 말았다고 합니다.

주천고택 조견당

소유주인 김주태 선생의 가족이 최근 이 고택을 지키고 있습니다. 개방하는 방은 주로 바깥사랑채이고 손님이 많으면 안사랑채와 안채도 개방합니다. 방은 고택의 분위기에 맞게 잘 꾸며져 있으며 안사랑채와 안채 사이에 신축한 화장실에는 수세식 화장실과 샤워시설이 갖춰져 있습니다.

고택 정보
주소 강원도 영월군 주천면 주천1리 1196-1번지
전화 (033)372-7229

고택 한 바퀴 둘러보기

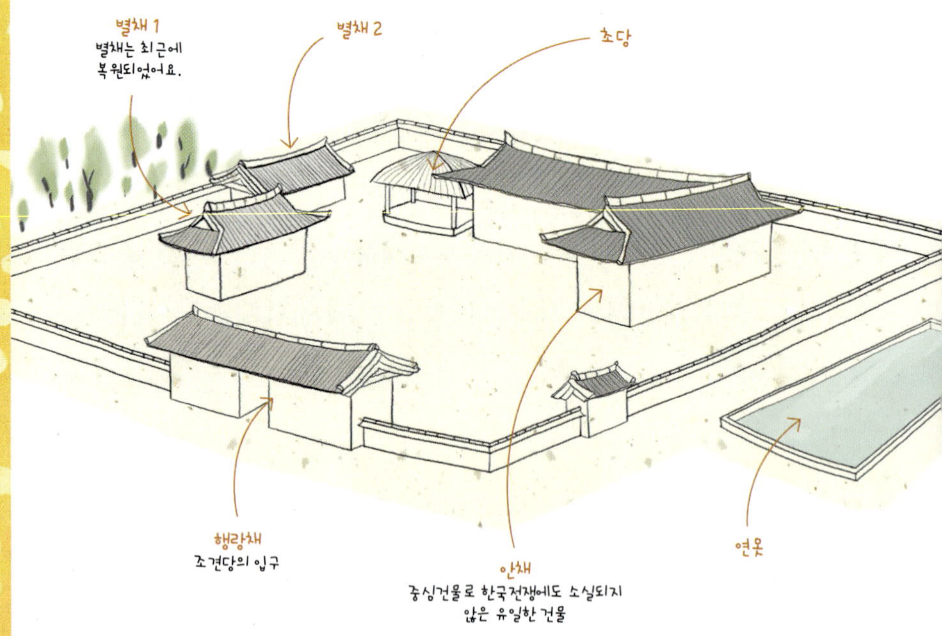

슬픈 역사의 흔적

청령포와 법흥사, 그리고 박물관들

영월에는 볼거리와 먹거리가 많습니다. 조견당에서 걸어서 5분 거리에는 지역 한우특성화 식당이 밀집해 있는 '다하누촌'이 있습니다. 또한 인근에는 부처님의 사리가 모셔져 있는 적멸보궁인 천년사찰 법흥사가 자리하고 있지요.

영월에는 또한 단종이 왕위를 빼앗기고 유배돼 머무르던 청령포가 있습니다. 아름다운 송림이 빽빽이 들어차 있고, 서쪽에는 봉우리들이 우뚝 솟아 있으며, 3개 면이 강물에 둘러싸여 마치 섬과 같습니다. 청령포 내에는 금표비와 단묘유지비, 망향탑, 노산대, 관음송 등 단종의 흔적을 알리는 유적들이 있습니다. 이곳을 출입할 때는 나룻배를 이용해야 합니다.

또한 영월지역에는 고판화박물관, 화석박물관, 인도박물관 등 30여개의 박물관이 있습니다. 역사 속 비극의 왕인 단종의 능을 찾아가 보는 것도 의미있는 여행이 될 것입니다. 단종릉에는 소나무들이 모두 능을 향해 절을 하듯이 굽어 있어 경이로움을 더한다고 합니다.

©영월군청

©영월군청

모평마을

마을 어느 곳에 머물러도 시간을 100년 넘게 거슬러 올라간 듯한 착각에 빠집니다. 조선시대의 어느 양반촌을 거닐고 있는 느낌입니다. 대문을 두드리며 "이리 오너라" 하고 외치면 "예, 나리." 하고 얼른 하인들이 나올 것만 같습니다.

마을 고택 돌틈 사이에
꽃을 피운 돌나물들

牟平里

모평마을

　　고즈넉한 흙돌담을 맞대고 살아가는 마을은 시간을 초월하고 있습니다. 바람에 서걱거리는 대숲소리가 간간이 들려오고 천년 샘물이 찰랑찰랑 넘칩니다. 언덕배기 정자에 오르면 마을이 한눈에 보이고 그곳에 앉아 차 한 잔을 마시면 세상 근심걱정이 사라집니다.

전라남도 함평군 해보면 상곡리 모평마을에 들면 누릴 수 있는 정취입니다. 해보천이 흐르고 임천산이 감싸 안은 아늑한 마을에는 야생차밭과 산죽 사이를 훑고 지나는 바람소리가 청량합니다. 흙돌담이 골목마다 즐비한 집안은 100년이 넘는 역사를 간직한 채 과거의 이야기를 전해줍니다.

마을 전체가 한옥으로 지어져 있고 오랜 고택이 중간 중간에 자리하고 있어 마을의 품격이 느껴지는 곳입니다. 하지만 이 마을도 농촌지역이라 낙후되어 있었습니다. 그러다가 살고 싶은 마을로 만들어 주민들과 후손들이 정착하고, 도시민들이 돌아오는 마을로 만들기 위해 전라남도가 행복마을로 지정하면서 변화의 바람이 불고 있습니다.

함평은 조선 태종 9년1409에 함풍현과 모평현을 합치면서 그 이름이 만들어졌습니다. 함풍에서 '함咸' 자를, 모평에서 '평平' 자를 따서 지은 지명입니다. 이런 의미에서 보면 모평마을은 함평군의 모태와 같은 지역이라 할 수 있습니다. 모평마을은 고려시대 때 함평 모씨에 의해 만들어졌습니다. 그러다가 조선 세조 때 제주도 귀양길에서 돌아오던 윤길 선생이 90세의 나이로 이곳에 정착하면서부터 파평 윤씨 집성촌으로 변했습니다. 원래 고향이 황해도 평산이었던 윤길 선생은 사촌자형사촌 누나의 남편이었던 김종서 장군1383~1453이 단종 복위 사건에 휘말려 죽자 제문을 지어 "직재김종서는 죽을 때 죽었으니 만고에 빛날 것이다"라고 읊었다고 합니다. 그 소식이 세조의 귀에 들어가 괘씸죄로 제주로 귀양살이를 갔다가 외척인 관계로 사면돼 목포를 거쳐 돌아오다가 모평마을에 정착합니다.

현재 마을 주민 57가구 130여 명 중 100여 명 이상이 파평 윤씨입니다. 이들은 선대조상이었던 고려 윤관 장군의 사당인 수벽사를 지어 추앙하면서 모평마을을 지켜오고 있습니다.

모평마을 이모저모 둘러보기

신천 강씨를 기리는 열녀비

수벽사 옆 제각 안에는 열녀비가 있는데, 정유재란 때 남편이 왜병에게 살해당하는 것을 막으려다 두 팔이 잘려나가면서 처참하게 죽임을 당한 신천 강씨를 기리고 있습니다. 강씨가 죽고 어린 아들만 남게 되자 그녀의 노비

명문가에서의 하룻밤

수벽사는 윤관 장군의 사당으로, 전남
유림들이 제사를 지내는 곳입니다.

인 도생과 사월부부가 아들을 뒷바라지해 과거에 급제시켰습니다. 후에 아들은 노비부부가 죽자 공적을 기리는 비를 세웠다고 합니다. 파평 윤씨 문중에서는 지금껏 노비에게 제를 올려주고 있습니다. 신분의 귀함과 천함이 엄연했던 시대에 신분을 초월한 인간애가 느껴지는 비석입니다.

모평마을의 화룡점정은 영양재입니다. 야트막한 언덕 위에 자리 잡은 영양재에서는 마을을 한눈에 바라볼 수 있습니다. 이 정자는 천석군 선비였던 윤상용 선생이 조선 말기에 건립했다고 합니다. 정면 3칸, 측면 2칸에 팔작지붕을 얹었습니다. 규모가 크지는 않지만 아주 검박해 보이는 정자는 친근감을 갖게 합니다.

조선 말 의병을 모아 일제에 대항했던 면암 최익현 선생이 대마도에 끌려가기 전 해인 1905년에 쓴 〈영양재기〉, 윤우선의 〈차운〉, 기우만의 〈영양재상량문〉에 영양재와 관련된 기록이 있습니다. 호남의 여느 정자처럼 영양재는 웅장하지 않고 검박합니다. 외형을 보여주기 위해 드러내지 않고 내면을 추스르는 호남의 유림정신을 닮아 있습니다. 그 정신은 영양재에 걸려 있는 주련에 잘 나타나 있습니다.

非禮勿視 비례물시, 非禮勿言 비례물언,
非禮勿聽 비례물청, 非禮勿動 비례물동.

예가 아닌 것은 보지도, 말하지도,
듣지도, 행하지도 말라.

    명문가에서의 하룻밤

1 마을의 중심 정자인 영양재에 걸린 주련
2 모평마을을 한눈에 바라볼 수 있는 영양재.
현재는 찻집으로 개방되고 있습니다.

윤자화 선생이 관직생활을 하다가 부
모님이 돌아가시자 3년상을 치르기
위해 지었다는 귀령재입니다.

모평마을 담장길. 대나무가 어우러진 돌담길이 정겹습니다.

윤상용 선생은 천석꾼이었다는 행적 이외에는 별로 알려진 것이 없습니다. 마을에 생존해 있는 윤석율 선생에 따르면 그의 아들이 윤씨 문중에 토지 30마지기를 내어 공용하도록 했다는 전언이 있을 뿐입니다. 아마도 관직에 나가지 않고 안빈낙도를 향유하며 대대로 물려받은 부를 지키다가 대물림했기 때문이 아닌가 싶습니다.

윤씨 가문은 그러나 윤상용 선생처럼 초야에 묻혀 살지도 않았습니다. 1855년에는 윤자화 선생이 과거에 급제하여 주요 관직에 오르기도 했습니다. 하지만 그 역시 부모가 돌아가시자 고향에다 정자를 짓고 3년 상을 치르기도 했습니다. 윤씨 가문의 효심을 읽을 수 있는 대목입니다. 이후 그는 낙향하여 자신의 생가터에 귀령재를 짓고 산과 물과 벗하며 지냈습니다.

영양재는 예전에는 사람의 손길이 닿지 않아 관리하기 어려웠는데 최근 이 마을에 이사 온 젊은 임선희 씨가 찻집으로 활용하고 있어 새롭게 태어난 듯합니다.

영양재에서 함평읍 방향으로 몇 걸음 옮기면 파평 윤씨 제실인 임천정사가 보입니다. 이 건물은 이 지역 7개 마을이 공동으로 출자해 만든 주자서원과 함께 지역의 사교육을 담당했던 사원이었습니다. 하지만 1868년 대원군의 서원 철폐령에 따라 모두 폐쇄됩니다.

파평 윤씨 가문은 이처럼 함평지역에서 끊임없이 유학을 익혀 조정에 나가고, 때로는 왕비를 배출해 명문가의 위세

천 년 동안 마르지 않았다는 안샘.
뒤편에는 대나무 숲이 형성돼 샘물
맛이 일품이라고 합니다.

186

를 유지해 왔습니다. 하지만 권력의 무상함에 따라 부침을 거듭하게 되었고 지금은 한적한 시골마을로 남았습니다.

모평마을의 자랑은 안샘입니다. 나이가 족히 1,000년도 넘습니다. 과거 관아의 우물로 사용됐던 안샘천년 샘은 임천산 왕대숲에서 흘러나온 우물입니다. 차 중의 으뜸이라는 수백 년 된 야생 죽로차 밭이 있는 곳에서 나온 안샘은 아무리 가뭄이 심해도 마르지 않는다고 합니다. 그래서인지 이 우물로 차를 달여 마시면 맛이 일품입니다.

안샘 옆 한옥집 모평헌은 안샘의 유명세를 타고 민박집으로 인기가 높습니다. 모평헌은 100여 년 전, 현재 집주인의 고조부가 바닷물에 소나무를 7년간 담갔다 건져 15년을 건조시킨 후에 지은 집이라고 합니다.

모평마을은 어느 곳에 머물러도 시간을 100년 넘게 거슬러 올라간 듯한 착각에 빠집니다. 조선시대의 어느 양반촌을 거닐고 있는 느낌입니다. 대문을 두드리며 "이리 오너라!" 하고 외치면 "예, 나리." 하고 얼른 하인들이 나올 것만 같습니다.

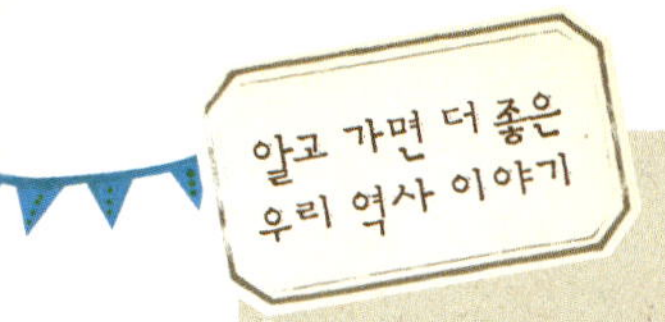

흙돌담을 맞대고 사는 파평 윤씨 집성촌

모평마을은 파평 윤씨 집성촌입니다. 이 마을은 '고려의 이순신'으로 비견될 만큼 이름이 높은 윤관1040~1111년 장군 후손들이 대대로 살고 있는 곳입니다. 고려의 명장이자 파평 윤씨의 선조인 윤관 장군은 별무반이라는 군대를 창설한 인물로 잘알려져 있습니다. 그가 활동하던 당시 고려의 국제 정세는 긴박했습니다. 국경지대에는 여진족이 점차 세력을 넓혀가고 있었고, 이들은 점차 고려의 북쪽 국경이었던 북간도 지방으로 세력을 뻗쳐 오더니 마침내 고려에 복속해 있던 동여진을 병합해 버렸습니다. 그로 인해 천리장성 근처인 정주에서 고려와 잦은 충돌을 일으켰습니다.

고려는 초기에는 송나라와 친교를 맺어 과거 고구려의 옛 땅을 회복하려는 정책을 폈습니다. 그로 인해 북쪽으로 세력을 확장하려는 고려의 북진정책과 살기 좋은 땅을 탐내어 남쪽으로 진출하려는 만주족의 충돌을 피할 수가 없었습니다.

당시 고려의 군대는 보병 부대가 중심이어서, 말을 타고 싸우는 기병이 주축인 여진의 군대에 번번이 패했습니다. 1104년 3월, 추밀원사로 동북행영 도통사에 오른 윤관 장군도 왕명을 받아 여진족 정벌에 나섰습니다. 하지만 두 번에 걸친 전투에서 그는 번번히 굴욕적인 패배를 맛보아야 했습니다. 그는 숙종 임금에게 패전의 원인과 그 대책을 내놓습니다.

"저들은 원래 말을 타고 생활하는 족속으로 우리 보병으로는 아무리 힘을 합쳐 싸워도 당해낼 수 없습니다. 신이 패배한 까닭을 잘 알고 있으니, 병력을 증강하고 기병을 양성하여 적을 공격한다면 반드시 물리칠 수 있을 것입니다."

숙종은 죽기 얼마 전, 태자 우優와 총신 윤관에게 '북방의 오랑캐를 반드시 징벌하여 우리 고려의 영토를 넓히고 새 도읍지 남경에서 대고려제국의 아침을 맞을 수만 있다면 나는 더 이상 바랄 것이 없노라.'는 밀지를 남긴 채 세상을 떠났습니다.

　북진의 원대한 꿈을 꾸었던 윤관 장군은 '별무반'이라는 특별 부대를 창설, 기마병을 양성해 1107년예종 2년에 여진 정벌군에 나섭니다. 그는 17만 대군을 이끌고 동북지역에 나가 9개 지역에 성을 쌓아 침범하는 여진을 평정한 뒤 이듬해 봄에 개선합니다. 그 공으로 문하시중, 상서이부판사, 군국중지사 등의 관직에 오릅니다.

　하지만 아홉 개의 성을 빼앗겨 생활 터전을 잃은 여진족은 이후에 틈만 나면 고려를 침공하기에 이릅니다. 여진족의 잦은 침략에 수비가 곤란해진 고려는 여진족이 조공을 바치겠다는 조건으로 9성의 반환을 요구해 왔습니다. 또 서북쪽에는 거란요의 세력이 확장하며 고려를 위협해 하는 수 없이 동북9성을 쌓은 지 1년 만에 여진족에게 돌려주고 말았습니다.

　윤관 장군은 정세가 바뀌자 여진정벌에 실패했다는 모함을 받아 벼슬을 빼앗기고 공신 호칭마저 박탈당합니다. 1110년 다시 문하시중으로 임명되었지만 윤관은 이에 응하지 않았습니다. 9성 반환은 그의 의욕마저 꺾어 놓았습니다. 그가 자나 깨나 여진 정벌에 전력을 기울여 마침내 전쟁을 통해 쌓은 9성이 하루 아침에 물거품이 되었으니 그의 마음이 오죽했을까요. 윤관 장군은 이러한 치욕의 역사를 도저히 볼 수 없었는지 9성이 반환된 지 2년 만인 1111년 쓸쓸히 세상을 떠났습니다.

　윤관 장군이 세상을 떠난 지 900년이 지났지만 우리나라는 아직도 한반도의 영토에 머물러 있습니다. 북진정책을 통해 저 고구려의 옛 땅을 회복하려 했던 윤관 장군의 큰 포부는 장차 우리 후대의 지도자들이 품어야 할 당연한 꿈이 아닐까요?

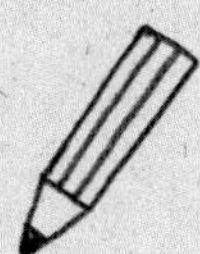

모평마을

모평마을은 하룻밤 머물기에 아주 좋은 곳입니다. 모평헌, 소풍가, 모수원, 영화 황토 민박, 풍경소리, 물레방아 민박, 희소문 등 한옥 민박집이 즐비합니다. 모평권역 홈페이지를 통해 미리 살펴보고 예약하면 됩니다. 전화로 숙박 정보를 알아볼 수도 있습니다.

마을 정보

주소 전라남도 함평군 해보면 산내리 476번지
모평권역 전화번호 (061)323-8288
모평권역 홈페이지
www.mopyeong.com

마을 한 바퀴 둘러보기

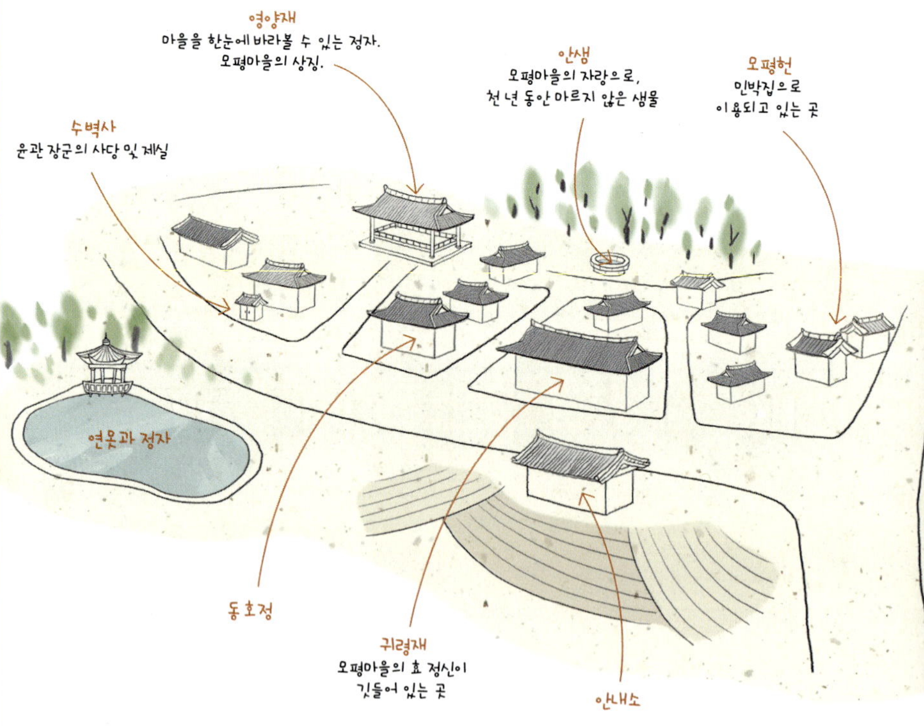

명문가에서의 하룻밤

©함평군청

유채꽃과 나비의 향연
함평 나비 대축제

봄에 함평에 가면 나비 축제를, 가을에 가면 용천사 꽃무릇 축제를 보길 권합니다.

함평에는 농지가 많습니다. 하지만 산업사회로 접어들면서 젊은이들이 도시로 떠나, 마을은 노령화가 급속히 진행되었지요. 그에 따라 농산물은 경쟁력을 잃었고, 관광자원 확보 차원에서 고수부지 33ha에 유채꽃을 심은 것이 계기가 되어 현재는 나비축제의 고장으로 자리 잡았습니다.

축제 정보 www.hampyeong.go.kr/2008_hpm/hpm13

즐거운 가을 꽃구경
용천사 꽃무릇 축제

©함평군청

용천사 꽃무릇 축제는 한국의 100가지 경치 가운데 한 곳에 속한다고 합니다. 4km에 이르는 모악산 등산로와 용천사 진입도로인 신해선 양쪽에 꽃길 조성이 이루어져, 관광객으로 하여금 탄성이 절로 나게 합니다. 약 40만 평의 꽃무릇 군락을 배경으로 공원이 조성돼 매년 9월 꽃무릇 큰잔치가 열리고 있습니다. 용천사 뒷편의 왕대밭과 차밭 사잇길로 난 구불구불한 산책로도 가볼 만합니다.

주소 전남 함평군 해보면 광암리 415번지
전화 (061)322-1822

전주 양사재

전주는 과거 나라의 왕기를 머금은 상서고운 고장입니다. 그 중심에 오목대와 이목대가 있고, 그리고 바로 그 아래에 양사재가 있습니다. 나라를 위해 큰일을 하겠다고 마음 먹은 가족이 있다면 하룻밤 머물기를 추천합니다.

양사재 입구. 다른 고
택보다 단순해 일반 한
옥집 대문 크기지만 현
판까지 걸어 놓아 운치
가 있습니다.

養士齋 양사재

양사재는 전주향교에 딸린 부속건물이었습니다. 서당 공부를 마친 재능 있는 청소년들이 모여 생원과 진사시를 공부하던 곳이었지요. 이름하여 '선비를 양성하는 공간'이었다는 말입니다. 이러한 양사재는 웬만한 향교에는 대부분 있는 공간이기도 합니다. 진사시험에 합격하면 양사재에서 표시를 내는 부표가 있어야 합격 사실이 인정될 정도로 선비들에게는 매우 영향력 있는 교육공간이었다고 합니다. 이러한 양사재가 이제 일반인들에게 한옥체험공간으로 개방되어 있습니다.

전주 양사재는 전주 한옥마을 안에 있습니다. 전체가 한옥마을이라면 양사재는 한 부분입니다. 양사재 안내책자에는 전주 한옥마을의 형성배경에 대해 다음과 같이 전하고 있습니다.

봄이면 양사재의 매화
가 꽃을 피웁니다. 향
기도 진합니다.

을사조약 이후 대거 전주에 들어오게 된 일본인들이 처음 거주하게 된 곳은 서문 밖으로, 지금의 다가동 근처의 전주 천변이었다. 서문 밖은 주로 천민이나 상인들의 거주 지역으로 당시 성 안과 성 밖은 엄연한 신분의 차이가 있었다. 성곽은 계급의 차이를 나타내는 상징물로 존재했던 것이다.

양곡수송을 위해 전군가도가 개설되면서 성곽의 서반부가 강제 철거되었고, 1911년말 성곽 동반부가 남문을 제외하고 모두 철거됨으로써 전주부성의 자취는 사라졌다. 이는 일본인들에게 성 안으로 진출할 수 있는 계기를 만들어 주었으며, 실제로 서문 근처에서 행상을 하던 일본인들이 다가동과 중앙동으로 진출하게 되었다.

이후 1934년까지 3차례에 걸친 시구 개정에 의하여 전주의 거리가 격자화되고 상권이 형성되면서 서문 일대에서만 번성하던 일본 상인들이 전주 최대의 상권을 차지하게 되었으며, 이러한 상황은 1945년까지 지속되었다. 1930년을 전후하여 일본인들의 세력확장에 대한 반발로 한국인들은 교동과 풍남동 일대에 한옥촌을 형성하기 시작했다.

(중략)

오목대에서 바라보면 팔작지붕의 휘영청 늘어진 곡선의 용마루가 즐비한 명물이 바로 교동, 풍남동의 한옥마을인 것이다.

전통은 만들어 가는 것

양사재 가는 길은 전주향교 가는 길과 맞닿아 있습니다. 2002년 12월 민가로 활용되던 곳을 뜻있는 젊은이들이

명문가에서의 하룻밤

원형대로 개·보수하고 전주시 문화시설로 인정을 받아 양사재로 다시 복원했다고 합니다. 이 가운데는 현재 양사재를 공동으로 운영하고 있는 정재민 씨가 있었습니다.

새로 만든 대문을 열고 들어가니 정재민 씨가 반갑게 맞아 줍니다. 그는 양사재에서 문화공간을 연출하고 있습니다.

"현재의 건물은 약 150여 년 됐을 겁니다. 한옥체험공간으로 활용하고 있지요."

정씨는 앞에서 언급한 대로 전통을 만들어 가고 있는 전주사람 중의 한 명이었습니다. 전통문화체험과 전주 한옥마을을 아름답게 꾸미는 데 앞장 서는 문화인 말입니다. 또 주민들의 문화교류와 문화정보센터 역할도 하고 있었습니다. 전라북도 야생차와 한옥마을 체험학습을 안내하는 길라잡이 역할도 톡톡히 하고 있었습니다.

정원에는 매화꽃이 망울을 머금고

한옥에는 기둥마다 주련이 걸려 있었습니다. 그리 넓지 크지 않은 마당에 올망졸망한 방들이 자리를 잡았습니다. 구조는 전형적인 'ㄱ'자 형으로 뒤에 다시 일자형 집이 떠받치듯 서 있었습니다.

맨 처음 둘러본 구들방은 군불 땐 바닥자국이 남아 있습니다. 주인의 인심만큼 넉넉히 불을 지폈는지 아랫목 바닥 색깔이 아주 진했습니다. 이곳에 묵은 손님들은 아마도 허리 한 번 후회 없이 지지고 돌아갔을 법합니다. 두 번째와 세 번째 구들방도 이와 유사했습니다. 나머지 3칸은 분합방입니다. 자그마한 3개의 방은 창호문으로 나누어져 있었습니다.

문을 모두 열면 3개의 방이 한눈에 들어와 마치 방 한 칸 같이 보였습니다. 3개의 방이 한 칸으로 개방되고 그 앞에는 입식 부엌이 있었습니다.

"손님이 없는 낮에는 이곳에서 전통차를 냅니다. 우리 집에 묵는 사람들은 아침식사와 전통차를 무료로 드립니다."

특전이 더 있었습니다. 안내 책자에는 미취학 아동은 무료이며 일반회원이나 후원회원으로 가입하면 무료로 이용할 수 있다고 적혀 있습니다. 소식지와 문화자료도 발간해 회원들에게 보내준다고 합니다. 양사재는 한옥체험공간을 넘어 전주 지역의 전통문화를 연결하는 매개체 역할을 하고 있는 것입니다.

조선 왕조 기운이 서린 오목대와 이목대

양사재 뒤뜰은 오목대입니다. 이곳은 조선 개국조와 연관된 유적입니다. 태조 이성계가 1380년 남원 운봉 황산 전투에서 왜구의 적장을 물리치고 개경으로 돌아가던 중 자신의 5대조 할아버지까지 살았던 전주 이목대 옆 오목대에서 잠시 여흥을 즐겼다고 합니다.

전주는 900년에 후백제의 왕궁이 건설되었고 조선왕조 건국 시조의 본향이었던 점에서 보듯이 나라의 왕기를 머금고 있는 상서로운 고장이 분명합니다. 그 중심이 오목대와 이목대이니 이곳에 사는 사람들의 긍지는 대단하리라는 생각이 듭니다. 그 아래에 있는 양사재가 일반인들에게 공개되니, 나라를 위해 큰일을 하겠다고 마음 먹은 가족이 있다면 반드시 하룻밤을 머물면서 조선왕조의 기운을 꼭 받으라고 권하고

명문가에서의 하룻밤

조선시대 청소년들이 공부했던 양사재는 전주향교의
부속건물입니다. 오랜 전통을 자랑하듯 전주향교 앞의
고목이 보호수가 되어 자리를 지키고 있습니다.

1 양사재 뒤뜰. 긴 굴뚝이 인상적입니다.
2 방을 나눴다 합쳤다 할 수 있는 분합방
3 양사재 객실에 비치되어 있는 전통 민속악기들
4 밖에서 본 양사재 분합방의 모습

명문가에서의 하룻밤

1 본채 정면에 걸려 있는 양사재 현판
2 옆집 옥상에서 바라본 양사재 전경

싶습니다.

양사재와 연관된 인연이 또 있습니다. 우리 전통차와 연관된 이야기인데, 양사재 뒤뜰의 오목대 일대는 예로부터 전통 야생차의 남방한계선으로 알려져 있습니다. 그래서 전주 한옥마을 일대에는 전통찻집이 즐비합니다. 다례의 집설예원을 비롯해 곳곳에 우리 전통차를 내놓는 곳이 많습니다. 양사재 공동대표 정재민 씨도 차를 무척 좋아하는 듯했습니다. 숙박을 하지 않는 사람들도 이곳에서 차를 마실 수 있도록 하고 있으며 차 예법도 널리 알려진 신라식 대신 백제식으로 지도해 준다고 합니다.

전통차 남방한계선이면 오목대에 야생 차밭 군락지가 반드시 있을 터였습니다. 그곳에 가고 싶어 물었더니 정씨는 떨떠름한 분위기를 연출했습니다.

1 양사재 인근의 한지체험관에 전시된 소원을 기원하는 한지
2 양사재 뒤편 오목대에서 자라는 자생 녹차. 여기가 전통차 남방한계선이라고 합니다.
3 양사재 인근에 위치한 또 다른 한옥체험관

명문가에서의 하룻밤

"야생차 군락지라고 하지만 큰 곳이 아닙니다. 굳이 보고 싶으시다면 양사재 뒤뜰로 가 보시지요."

몇 발짝 되지 않는 곳이었지만 그곳에 이르기 전에 정씨는 따가운 말을 던집니다.

"요즘 우리나라 사람들은 중국차를 너무 좋아하는 것 같습니다. 우리 차에 대한 애정은 아주 잊어버린 듯해요."

사실 수입개방에 밀려 값싸고 품질 좋고 다양한 중국차가 우리의 입맛을 마비시키는 게 분명합니다. 하지만 희망은 있습니다. 우리 차를 발전시키기 위한 차인들이 있고, 우리 차를 아끼는 사람들도 아주 없는 것은 아닙니다. 그래서 다른 나라 차들과 차별화가 필요하리라 봅니다.

뒤뜰에 가 보니 좌측 산자락에 야생차 두세 그루가 얽혀 자라고 있었습니다. 소량이지만 수확도 한다고 했습니다. 정 대표는 당부했습니다.

"야생차 밭이 있다고 크게 글을 쓰지 마세요. 방문한 사람들이 실망할지도 모릅니다. 괜히 이야기 듣고 왔다가 실망하면 안 되니까요."

양사재

양사재에서 하룻밤 머무려면 미리 전화를 하는 게 좋습니다. 가을, 겨울철에는 구들방을 데우기 위해 미리 불을 피워야 하기 때문입니다. 숙박요금은 여름에는 2인 기준 5만원선, 겨울에는 6만원선이고 1년 내내 숙박이 가능합니다. 방은 대체로 작은 편이고, 총 6개 방 중 3개는 단독 구들방, 나머지 3개는 나누었다 합했다 하는 분합식으로 되어 있습니다.

고택 정보

주소 전라북도 전주시 완산구 교동 58번지
전화 063-282-4959
홈페이지 www.jeonjutour.co.kr

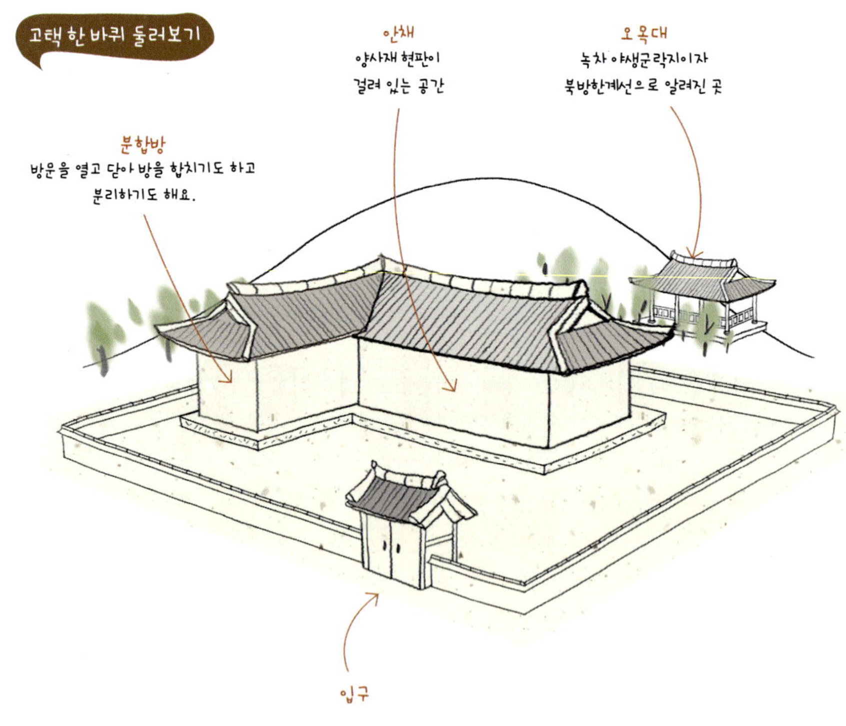

명문가에서의 하룻밤

태조 진영이 봉안된 곳
경기전

경기전은 조선이 건국되자 왕권을 공고히 하기 위하여 1414년에 세워진 곳으로, 태조의 어용(왕의 진영, 보물 제 931호)을 봉안하였습니다. 선조30년 정유재란 때 소실되었다가, 광해군 6년 11월에 중건됐습니다.

경기전은 옛 전주부성 내 동남쪽에 광대한 면적을 점유하고 있었으나, 일제 때에 그 서쪽을 분할하여 일본인 전용인 수상소학교를 세움으로써 절반 이상의 땅을 상실하였으며, 부속된 건물도 철거되고 말았습니다. 이후 점차 복원하여 현재에 이르고 있으며 경내에는 〈조선왕조실록〉을 보관했다는 전주사고가 있습니다.

주소 전라북도 전주시 완산구 풍남동 3가 102번지

우리나라에서 가장 아름다운 성당
전동성당

이곳은 원래 전라감영이 있던 자리였으나 1889년 프랑스의 파리 외방전교회 소속 보드네 신부가 성당 부지를 매입하고, 1908년 V.L.프와넬 신부의 설계로 건물이 완공되었습니다. 호남지방의 서양식 근대 건축물 중 가장 규모가 크고 오래 된 것의 하나로 알려지고 있습니다. 비잔틴 양식과 로마네스크 양식을 절충한 건물 형태로, 우리나라에서 가장 아름다운 성당 건물로 손꼽힌다고 합니다. 전동성당은 가톨릭 신자들에게는 순교 1번지 성당으로 손꼽히겠지만, 조선시대 때 전라남도와 제주도까지 관할하는 관청지에 성당이 들어선 것은 역사의 아이러니이기도 합니다.

주소 전라북도 전주시 완산구 전동 200−1

안 동
수애당

집 안에서 가장 먼저 눈에 띄는 것은 처마 기단석 밑에 예쁘게 핀 야생화 '노루발'입니다. 야생화를 좋아하는 주인이 들에서 캐다 심었는지 이곳저곳에 퍼져 있습니다. 주인은 주말이라 손님을 맞을 준비로 바쁜데 예쁜 노루발은 아랑곳하지 않고 방문객을 반기듯 하늘거립니다.

水涯堂 수애당

　　경북 안동시 임동면 수곡리 526번지에 위치한 수애당은 수애 류진걸 선생이 1939년에 세운 고택입니다. 건축주의 호를 따라 '수애당'이라고 이름지었습니다. 원래 안동군 임동면 수곡동 612번지에 있었으나, 임하댐 건설로 수몰이 되자 1987년에 이곳으로 이건했습니다. 경사지에 위치한 건물을 평지에 세움으로써 원래보다 약 2~3미터 낮아졌다고 합니다.

수애당은 우리나라 전통 소나무인 춘양목으로 지어 보존상태가 거의 완벽합니다. 문살의 문양이 특이하며, 전체적으로 조선시대 말기의 건축양식을 잘 드러내고 있습니다. 건물은 모두 3동 29칸으로 구성되어 있는데, 중심 건물은 팔작지붕으로 아름답습니다. 정면 7칸, 측면 2칸이니 규모도 상당합니다. 중심 건물 건너편에는 고방채가 있습니다. 이 건물은 정면 10칸으로 'ㄱ'자 형을 취하고 있습니다. 또한 5칸 규모의 솟을대문이 양반가의 기품을 드러내고 있습니다.

수애당의 측면 모습. 안채에 사랑방이 있고, 그 앞에 별채가 자리해 있습니다.

수애 유진걸 선생 역시 독립운동가이면서 어학자로 유명
합니다. 수애 선생은 1899년 경북 안동군 임동면 수곡리
에서 태어나 안동 협동학교를 졸업하고 일본 동경으로 유
학길에 오릅니다. 그러다가 고학생 때 귀국하여 중앙대학
교에서 공부한 뒤 1923년에는 〈신광〉이라는 월간지를 발
행합니다. 1924년부터는 '조선사연구동인회'에서 활동하
면서 핀란드 공사 람스테드 박사에게 한글을 가르쳤습니
다. 1925년에는 서울에서 개최된 조선민중대회에 동경조
선무산동맹회 대표자로서 파견되기도 했습니다.

이후 1926년에는 일본 동경의 건설회사에 취업했고,
1932년에는 중국 연길 용정촌에 이주했습니다. 그곳에서
독립운동에 나선 수애 선생은 1945년 독립노동당 재정위
원장을 맡기도 했습니다. 해방 후 6.25전쟁 때 서울에서
납북돼 지금도 생사가 묘연합니다.

이렇듯 수애 선생의 흔적이 남은 수애당은 한국전쟁의 상
처와 경제개발의 피해를 더불어 안고 있는 고택이 되어 우
리들을 맞이하고 있습니다.

구스타프 람스테드 (Gustaf John Ramstedt, 1873-1950)

헬싱키대학 교수이자 언어학자. 1920년대 외교관 자격으로 주일본 핀란드대사관에 근무하면서 한글을 접하고 연구를
시작했습니다. 수년간의 연구를 거쳐 헬싱키에 돌아온 이후에는 한국어 강의를 했습니다. 한국어와 핀란드어가 많은
유사성을 가지고 있으며 같은 우랄 알타이어족에 속한다는 논문을 발표하기도 했습니다. 그는 한국어를 세계 최초로
국제사회에 소개한 학자입니다. 1939년에 〈A Korean Grammar〉라는 책을 저술했는데, 이 책은 한국전쟁 당시 한국에
파견되는 UN군 병사들의 한국어 기본교육교재로 활용되기도 했습니다. 1982년 한국정부는 람스테드 교수의 한국어
보급에 대한 기여를 기념하기 위해 그의 후손에게 훈장을 수여하기도 했습니다.

명문가에서의 하룻밤 ● ●

낙동강 지류 가장자리에는 버드나무들이 뿌리를 깊게 내리고 물을 힘껏 머금어 잎사귀들을 터트리고 있었습니다. 안동으로 들어오는 반변천은 그렇게 맑고 깨끗했습니다. 가만히 바라보고 있노라면 마치 그 잎들이 자라 올라오는 듯했습니다.

임하댐의 수위를 계산해서인지 높게 서 있는 무실교가 무섭기도 합니다. 무실교에서 400여 미터를 더 들어가니 옛날집 여러 채가 촌락을 형성하고 있습니다. 이곳이 바로 무실입니다. 시내에서 자동차로 20여 분 거리에 위치한 수애당은 경북문화재자료 제56호로 등록된 고택입니다. '수애'는 '물가' 혹은 '물 근처'라는 뜻을 가졌으니, 집을 지은 주인이나 마을이 모두 물과 관련 있어 보입니다.

수애당 앞에는 전주 류씨 무실종택이 있습니다. 자칫 수애당을 이곳으로 착각하기 쉽습니다. 전주 류씨 무실파는 류윤선 선생이 한양에서 분가하여 영주에 거주하다가 그의 아들 류상이 무실에 살게 되면서 파벌을 형성한, 영남 지역에서 이름난 문중입니다.

수애당 앞에 들어서니 널찍한 주차공간이 나옵니다. 마을 어른이 장작을 팼는지, 여기 저기에 갈라진 나무가 뒹굴고 있습니다. 초입에 들어서자마자 고택이 위용을 드러냅니다. 양쪽 행랑채를 두고 중앙에 우뚝 서 있는 솟을대문이 양반가의 위풍을 당당하게 드러냅니다.

행랑채의 솟을대문을 지나니 또 다른 대문이 나옵니다. 문에서 문으로 이어지는 길 옆의 야생화가 소담스럽습니

1 고택 뒤뜰에서 밖으로 연결된 쪽문
과 담장 모습
2 멀리서 바라본 수애당 모습. 고택 너
머로 임하댐과 다리가 보입니다.
3 솟을대문과 행랑채가 양쪽에 자리한
수애당 입구

명문가에서의 하룻밤

다. 대문 옆에는 진돗개가 짖으며 손님이 왔음을 알립니
다. 개집 옆에는 재래식 화장실이 있습니다. 사용하지는
않는 걸 보니 전시용인 것 같습니다.

 대문을 열고 들어서면 널찍한 마당 우측에 본채가 보이고
좌측에 고방채가 보입니다. 과거에는 창고로 사용했음 직
한 곳이 이제는 방문객을 맞는 방으로 활용되고 있습니다.
 집 안에서 가장 먼저 눈에 띄는 것은 처마 기단석 밑에 예
쁘게 핀 야생화 '노루발'입니다. 야생화를 좋아하는 주인이
들에서 캐다 심었는지 이곳저곳에 퍼져 있습니다. 주인은
주말이라 손님을 맞을 준비로 바쁜데 예쁜 노루발은 아랑
곳하지 않고 방문객을 반기듯 하늘거립니다.

주인에게 양해를 구하고 집 구경에 나섰습니다. 주인은 많
은 분들이 인터넷을 보고 방문한다는 이야기를 전하며 마
루에 식혜를 내왔습니다. 넉넉한 주인의 마음이 전해옵니
다. 5월인데도 한낮의 날씨는 무척 덥습니다. 서울 말투의
주인아주머니는 남편이 류씨 후손이며 자신은 이곳으로
시집 온 며느리라고 설명합니다.

"원하시면 고택에서 하룻밤을 머물거나 민속놀이, 한지체
험 등 안동의 전통문화를 체험할 수 있습니다."

자상한 안내를 받고 집 안을 둘러보러 처마를 내려오니 고
무신 한 켤레가 가지런히 놓여 있습니다. 고택에 어울리는
풍경입니다.

7칸의 본채 가운데에 '수애당水涯堂'이라고 쓰인 편액이 걸
려 있습니다. 잠겨 있는 문고리를 당기고 들어가니 널찍한
대청이 나옵니다. 이 공간은 한옥에서 상류주택의 의식과

요즘 시대에는 찾아보기 어려운 행랑채 옆 재래식 화장실

명문가에서의 하룻밤

방에 누워 밖을 바라보면,
쏟아지는 햇살과 예쁘게
핀 야생화에 기분이 좋아
집니다.

1 별채에 마련돼 있는 손님방
2 '수애당'이라는 현판이 걸린
   안채 건너에 있는 사랑방

1 윤기가 반들반들한 고택의 장독대
2 옛날 조상들이 가마니를 만들 때 사용했던 봉돌

권위를 표현하는 상징적인 공간입니다. 대청에서 각각의 방이 연결되기도 합니다. 요즘으로 말하면 거실에 해당하는 대청은 여름철에는 서까래 밑에 내려진 들쇠를 걸어올려 통풍이 잘 되도록 했습니다. 겨울철에는 분합문을 닫아 추위를 막았을 것입니다.

대청 바닥에는 '우물 정#' 자 구조의 우물마루가 정갈하게 깔려 있습니다. 사람의 손때가 묻은 마루에 걸레질을 했는지 반들반들합니다. 건넌방 아래에는 옛날식 무쇠솥이 걸려 있고 그 위에 방문의 문풍지가 바람에 흔들거리고 있습니다. 겨우내 붙어 있었으니 수명이 다해 다시 붙여야 할 것 같습니다. 방문 앞에는 가마니를 짜는 봉석이 전시돼 있습니다.

마당에는 화살촉을 나무통 안에 넣는 투호놀이 기구도 보입니다. 전통체험을 위해 방문하는 손님에 대한 세심한 배려입니다. 행랑채에는 짚으로 만든 짚신이며, 봉새기재를 나르는 도구, 삼태기, 멍석 등 농사를 지을 때 사용하던 기구들을 잔뜩 진열해 놓았습니다. 어릴 때만 해도 요긴하게 사용되던 물건이 이제는 유물이 되어 버렸습니다.

행랑채를 돌아드니 장류를 담아 놓은 옹기가 올망졸망 자리를 차지하고 있습니다. 한옥에서 느낄 수 있는 정감어린 풍경입니다.

해가 뉘엿뉘엿 임하댐에 걸립니다. 문 밖으로 나오니 수애당 앞의 정자 사이로 불그스름한 해가 긴 그림자를 드리우고 있습니다. 멀리 수곡교 사이에 비친 해가 하루를 마감하는 신호를 보냅니다.

명문가에서의 하룻밤

마을 수호신인 '처녀당'에 얽힌 사연

수애당과 300여 미터 떨어진 곳에 떨어진 곳에는 '처녀당'이라는 작은 사당이 있습니다. 이에 얽힌 슬픈 사연을 소개할까 합니다.

옛날 옛날 무실마을에 살던 과년한 처녀가 시집을 가지 못하고 죽었습니다. 그 후로 지금까지 탈이 없던 마을에 재앙이 자꾸 생겨서 마을 굿을 했습니다. 처녀가 무당을 통해 말하기를 '나는 마을 사람들과 같이 있고 싶어서 뒷산을 떠나지 못하고 있으니, 나를 마을 사람들과 같이 살게 해다오.'라고 했습니다.

깜짝 놀란 마을 사람들은 마을회의를 열어 처녀가 말한 뒷산에 집을 만들고 음력으로 정월 열나흗날마다 정성껏 제사를 지내 주었습니다. 그 때부터 그 산을 처녀를 모신 당이 있다 하여 '아기산'이라 부르기 시작했습니다.

그런데 어느 때부터 산이 높아서 제사 지낼 음식 나르기가 불편했습니다. 다시 마을 사람들은 마을 굿을 크게 해 처녀귀신을 위로한 뒤 처녀당을 마을 어귀로 옮겼습니다. 이름도 '처녀당'이라고 바꾸었습니다.

처녀당이 얼마나 영험한지, 이곳에 대한 정성이 부족하면 마을에 재앙이 나고, 행인들까지 크게 화를 입어 한번은 지나가던 소나 말이 땅에 붙어 떨어지지도 않았습니다. 제사를 지낼 때 제관과 음식을 마련하는 사람들은 인적이 그친 밤에 개울가에 가서 목욕재계하고, 부정한 것을 피하여 하루 종일 집에서 나가지 못했답니다. 그리고 첫 닭이 울기 전에 제사음식을 차리는데, 음식 차리는 집은 붉은 흙을 집마당까지 뿌리고, 새끼줄(금줄)을 걸고 흰 종이를 꽂아 다른 사람의 출입을 막았다고 합니다.

수애당

수애당에서는 큰방 3개, 중간방 3개, 작은방 5개 등 총 11개의 방을 개방합니다. 9개의 황토방과 온돌방이 있으며, 수세식 화장실을 구비하고 있습니다. 단체는 약 50명이 수용 가능한 규모이며, 가족 단위는 물론 학교 MT, 회사워크숍 장소로도 추천합니다. 필요에 따라서는 대청마루와 작은 마루도 사용할 수 있습니다. 식사는 미리 예약해야 합니다. 투호던지기, 널뛰기 등의 체험도 할 수 있습니다.

고택 정보

가는 방법 안동 시내에서 승용차로 20분 거리에 있다. 내비게이션을 이용하면 편하다.
주소 경상북도 안동시 임동면 수곡리 470-44
전화 (054)822-6661
홈페이지 www.suaedang.co.kr

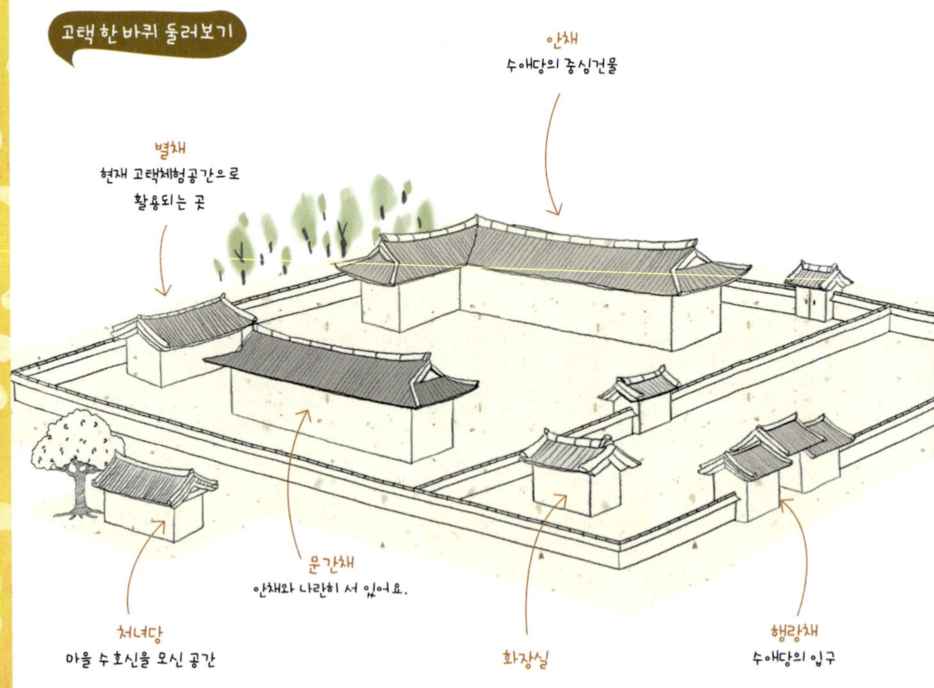

다목적 인공댐
임하댐

수애당 앞에 광활하게 자리하고 있는 임하댐에 대해 알아보는 것도 좋은 현장체험이 될 수 있습니다. 임하댐은 4대강 유역 종합개발계획의 일환으로 이루어진 다목적 댐으로, 낙동강의 제1지류인 반변천의 상류 18킬로미터 지점에 위치합니다. 임하댐이 준공되면서 낙동강 유역의 수자원을 효율적으로 개발할 수 있어 하류지역의 홍수피해를 줄이고, 수질개선은 물론 4억 9,700만㎥의 용수 공급이 가능하여 낙동강 중·하류 지역의 늘어나는 물 소비량을 충당할 수 있게 되었습니다.

주변에 각종 체육시설과 관광시설이 있고, 홍보관에는 댐에 대한 다양한 자료와 이 지역에 사는 여러 종류의 물고기들이 전시돼 있습니다.

국내 최고 목조건물이 있는 천년 고찰
봉정사

수애당에서 손님에게 답사코스로 추천하는 천년 고찰입니다. 천등산은 원래 대망산이라 불렸는데, 능인대사가 대망산 바위굴에서 도를 닦고 있던 중 천상의 선녀가 하늘에서 등불을 내려 굴안을 환하게 밝혀 주어 '천등산'이라 이름지었고 그 굴을 '천등굴'이라 하였답니다. 그 뒤 계속 수행을 하던 능인대사가 도력으로 종이 봉황을 접어서 날리니, 진짜 봉황이 이곳에 와 머물렀다고 하여 봉정사라는 사찰 이름을 얻었다고 합니다.

최근에는 템플스테이도 함께 하고 있으며 영국 엘리자베스 여왕이 방문한 뒤부터 세계적으로 알려졌습니다. 우리나라 최고 목조건물인 봉정사 극락전이 있으며 대웅전과 누각 등 여러 전각들이 고풍스런 분위기를 자아내고 있습니다. 특히 봉정사 산 내 암자인 영산암에서는 '달마가 서쪽으로 간 이유는'이라는 영화가 만들어졌습니다.

가는 방법 안동 시내에서 승용차로 30분을 가야 한다.
주소 경상북도 안동시 서후면 태장리 901번지
전화 (054)853-4181

보은

선병국 고택

선병국 고택에서의 하룻밤은 특별합니다. 가로등이 없어 밤이 되면 주변이 암흑으로 변하는데, 별이 총총 뜨는 날은 은하수를 감상할 수도 있습니다. 아침 일찍 일어나 툇마루에 앉으면 솔바람 소리가 개천의 물소리와 어우러져 장엄한 오케스트라를 연주합니다.

1 절개와 효를 중시했던 보성 선씨 가문의 효열문
2 사랑채에 걸린 선씨 가문의 유훈이 새겨진 현판

宣氏古宅 선병국 고택

선병국 고택에 들어서면 본채와 사랑채에 커다랗게 쓰여 가훈처럼 보이는 현판이 '위선최락爲善最樂'입니다. '선행을 인생의 가장 큰 즐거움으로 삼는다'는 유훈은 이 시대를 더불어 살아야 하는 우리들이 갖추어야 할 소양이 무엇인가에 대한 해법을 던져줍니다.

선병국 고택을 지은 선정훈 선생선병국 선생 부친 가문의 원류는 보성 선씨로, 시조는 선윤지 선생입니다. 고려 우왕 8년에 명나라 사신으로 왔다가 우리나라에 정착하게 되었습니다. 전라도 관찰사와 안렴사를 겸하면서 전라도 해안지방에 넘나드는 왜구를 물리치고 민생을 안정시킨 공을 세우다가, 고려가 망하자 벼슬을 버리고 보성에 정착, 가문을 열어 세거지로 삼았습니다.

보성 선씨 집안에는 조선 후기 어려운 시기에 사회적 책무를 다한 가선이라는 관직에 있었던 고흥의 부자 선영홍 선생이 있었습니다. 이를 증명하는 자료가 고택 입구에 세워져 있는 시혜비입니다. 그는 소작농민에게 논밭을 나누어 주며 시혜를 베풀고 농지에 대한 세금도 몸소 부담했다고 합니다. 그러자 농사짓는 사람들은 곡수곡식을 거두어 가는 양가 줄어 가난하고 배고픈 것을 몰랐습니다. 이 은혜를 잊지 못한 고흥지역 4개 면 소작민들이 그의 공덕을 칭송하기 위해 비를 세워 고흥군 두원면 국도변에 세웠는데, 도로확장으로 철거할 처지에 놓이자 현재의 선병국 선생 고택으로 옮겨 놓았습니다. 선영홍 선생은 전남 고흥에 있을 당시에도 '대흥사'라는 글방을 설치해 인재양성에 힘썼습니다. 그는 전국 각지의 인재를 불러 들여 무상으로 숙식을 제공하며 공부를 가르쳤습니다. 그러자 지역 유림들도 그를 널리 칭송했다고 합니다.

선영홍 선생의 아들인 선정훈 선생 또한 일제가 한국을 강제 점령한 경술국치 이후 전남 고흥에서 보은으로 이주하여 부친과 함께 99칸의 대저택을 신축하였습니다. 저택 동편에 관선정과 보은향교 명륜당에 서숙을 설치하여 후학을 양성하였는데, 당대 최고의 스승을 초빙하고 학비와 침식비 일체를 부담해서 가난한 수재들이 많이 모였다고 합니다. 이러한 교육에 대한 열의는 해방 후까지 이어졌습니다. 한학자로 유명한 임창순 선생이 이곳 출신입니다. 이 내용은 고택 앞에 세워져 있는 '관선정기적비'와 '남헌 선정훈 선생 송덕비'에도 기록돼 있습니다. 이러한 유지를 받들어 이 집에 살고 있는 종손인 선민혁 씨 내외는 요즘도 안채에 있는 곳간채를 이용하여 고시생이 공부할 수 있게 공간을 제공하고 있습니다.

선병국 고택의 사랑채. 지금은 별채로
이용되며 고택의 인척이 살고 있습니다.

● 보은 **선병국 고택**

고택 숲에는 '선처흠 효열각'이 세워져 있습니다. 여기에는 선처흠 선생과 그의 부인의 효행을 기리는 비문이 전하는데, '조선 고종 29년 10월에 정려각을 세웠다'고 밝히고 자세한 내용을 전하고 있습니다.

선처흠 선생은 눈병으로 고생하는 아버지를 극진히 간호했습니다. 그러나 아버지 병에 차도가 없자 영마산전남 해남에 있는 산에 가서 기도를 하며 치료를 위한 약을 내려 달라고 기도했습니다. 그런데 그곳에 매 한 쌍이 날아들어 죽었고, 이를 신비하게 여긴 선처음 선생이 아버지의 약으로 사용하자 거짓말처럼 오래된 눈병이 완쾌됐다고 합니다. 선처흠 선생의 부인인 경주 김씨 역시 효성이 지극했다고 합니다. 그녀는 남편을 하늘같이 섬겼는데 남편이 병에 걸리자 자신의 살을 베어 약으로 쓰고 손가락을 잘라 수혈을 했습니다. 그 소식이 조정에 알려지자 고종 임금이 효열각을 세우도록 선처했다고 전해집니다.

선씨 가문은 대저택을 짓고 살았으면서도 어려운 이웃과 소통했습니다. 선행을 인생 최고의 즐거움으로 삼은 '위선최락'이라는 가풍을 이어 단지 돈을 버는 데에만 집착하지 않고, 인재를 양성하고 이웃 주민들이 어려울 때 사재를 풀어 구제하는 넉넉한 마음을 가졌습니다.

명문가에서의 하룻밤 ● ●

이른 봄이면 고택에는 산수유가 노랗게 피어 고운 자태를 뽐냅니다. 어느 봄인가 무작정 달려간 고택에 산수유와 더불어 핀 노란 수선화를 보며 꽃향기에 취했던 기억이 있습니다.

1919년에 시작해 1924년에 상량한 이 고택은 당시 궁궐목수로 유명했던 '방대문'이라는 사람이 도편수로 참여했습니다. 집을 짓게 된 사연도 깊습니다. 선영홍 선생이 고흥을 떠나 새로운 집터를 찾아 나서고 있던 어느 날, 백발이 성성한 노인이 나타나 계시를 내렸습니다.

"섬에 집을 지어라."

그래서 유명한 지관과 함께 전국을 돌며 선몽한 집터를 찾아 다녔습니다. 당시 서울의 여의도와 보은의 현재 집자리가 후보지였는데, 지관이었던 심 노인이 현재의 위치를 낙점했습니다.

"제가 보기에는 이곳이 섬입니다."

그곳은 속리산에서 발원한 삼가천 아래 삼각주에 위치한 곳이었습니다. 아홉 폭의 병풍 같다는 구병산과 아름다운 자연 경관과 잘 어울렸습니다. 풍수상 명당으로 '연꽃이 물에 떠 있는 형국'이었습니다. 그래서인지 이 고택에는 연못이 한 곳도 없습니다.

17살에 부친의 뜻을 받들어 집 건축 책임을 맡은 선정훈 선생은 잠시 기거할 집을 주변에 마련해 놓고 6년여에 걸쳐 고택을 지었는데, 목재는 속리산 홍송을 주로 사용했고 멀리 봉화, 양양에서 가져온 춘양목도 있었다고 합니다.

고택 돌담에 핀 야생화

이후 집 앞에 33칸을 덧대어 관선정이라는 서당 건물을 더 지어 대규모 저택을 완성했다고 합니다. 현재 군부대가 사용하고 있는 부지도 고택 소유이며, 담으로 둘러쳐진 고택의 면적이 3,000여 평이나 된다고 하니 얼마나 큰 규모인지 짐작하고도 남습니다.

고택의 구조는 특이합니다. 사랑채, 안채, 사당채가 각각 독립된 영역으로 되어 있어 담으로 둘러쳐 있고, 집 전체를 다시 담으로 둘렀습니다. 아마도 외부로부터 집을 보호하기 위하여 이중으로 담을 두른 것으로 생각됩니다. 또한 풍수학적으로 삼각주에 위치해 있어 자연재해로부터 보호하기 위함으로 보입니다. 실제 이 고택은 6.25 전쟁, 1980년과 1998년 대홍수 때 피해를 입기도 했습니다.

남쪽으로 향하고 있는 사랑채와 서쪽으로 향하고 있는 안채의 평면은 모두 工자 형태입니다. 이러한 평면 형태는 집에서 일반적으로 사용하는 형태는 아닙니다. 평면형은 강한 대칭성을 보여주고 있어 일반 집에서는 찾아볼 수 없습니다.

1 옛날 형태로 보존된 안채 부엌. 자주 사용하지는 않지만 습도를 조절하거나 특별한 일이 있으면 아궁이에 불을 피운다고 합니다.
2 은은한 빛이 들어오는 고택 안채에서 바라본 바깥 풍경

대부분의 집들이 남향인데 이 고택의 안채는 특이하게 서향입니다.

이 집은 일제시대 때 지어진 대저택입니다. 조선시대의 규범이 조선조 말에 와해되고 새로운 격동기에 지어진 저택이기에 건축주의 주관이 투영되었습니다. 건축에서도 이러한 변화가 보이는데 평면의 구성, 공법, 재료, 규모 등에서 많은 변화가 나타납니다. 재료도 벽돌이 보이고 콘크리트도 일부 사용되기도 했습니다.

대대로 전해 내려오는 '아당골 선씨종가' 간장

고택 입구에 들어서면 고택은 보이지 않고 아름드리 소나무에 둘러싸인 높은 담장이 길게 늘어서 있습니다. 우측은 개천이 흐르고 그 앞에는 소나무가 빽빽합니다. 풍수지리에 의해 등 뒤로 주산인 속리산과 좌청룡 우백호에 소나무 숲이 자리 잡았습니다. 이러한 덕택에 송림이 외부로부터 들이치는 바람과 오염물질을 막고 대대로 내려오는 씨간장을

1 안채에 진열돼 있는 고택의 진귀한 물건들
2 고택 특산품인 간장과 된장, 고추장

이용해 된장, 고추장, 간장을 제조해 유명세를 타고 있기도 합니다. 고택의 내력을 알 수 있는 송덕비와 시혜비, 효자정각도 송림에 자리하고 있습니다.

고택에 들면 정면이 사랑채입니다. 이 건물 역시 안채와 비슷한 ㄱ자 형태입니다. 지금은 전통찻집으로 활용하고 있는데, 넓은 마당에 산수유와 오래된 소나무 정원수가 운치 있게 자리하고 있고 군데군데 야생화가 꽃을 피웁니다. 대나무와 감나무도 적절하게 서 있어 고택의 기품을 더해 줍니다. 현재는 막혀 있으나 과거에는 사랑채를 바라보며 우측에 33칸의 관선정으로 사람들이 드나들었을 것으로 보입니다. 현재는 관선정으로 가기 전에 우측으로 난 길을 통해 안채로도 출입이 가능하고 관선정을 돌아 사당채를 통해 안채의 후문으로 통합니다. 과거 서당으로 활용됐던 관선정은 안채를 정면으로 바라보며 33칸 규모로 서 있습니다.

서향을 하고 있는 안채는 구례 운조루처럼 난간이 높고 지붕의 선이 유려합니다. 안채 중앙에도 사랑채와 마찬가지로 '위선최락' 현판이 걸려 선씨 종가의 가풍을 엿보게 합니다.

우리나라 대부분의 고택들이 스러져가고 있는 때에, 선병국 고택은 아직도 종손과 종부가 그 적통을 이으며 가문의 전통을 이어가고 있습니다. 선씨 가문의 종부인 김정옥 여사는 명문가의 음식솜씨를 이어오고 있음을 큰 자부심으로 여기고 있었습니다. 그녀는 매년 음력 정월마다 간장을 담고 있습니다.

"집안 대대로 내려오는 간장과 된장을 서울의 유명한 백화

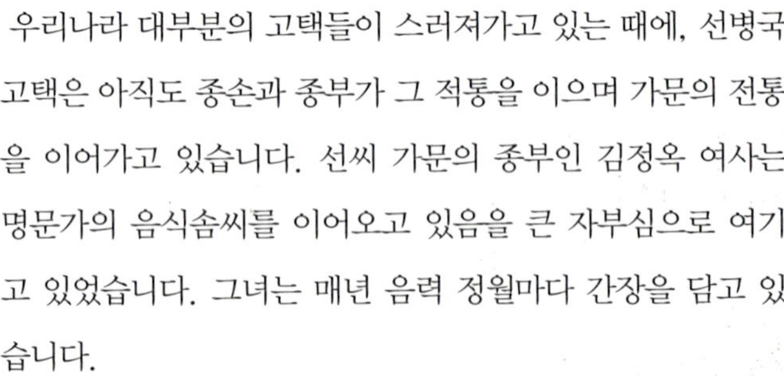

명문가에서의 하룻밤

1 장인의 혼이 느껴지는 사랑채의 창호(문살).
2 안채에 비치돼 있는 약함. 과거 권세 있는 양반가에
　서는 약품을 구비하고 있었습니다.
3 고택의 담장. 담쟁이 넝쿨에서 한창 싹이 올라오려
　고 준비 중입니다.

현대 건축기법이 가미된, 별채처럼 지어진 사랑채.
우측 건물을 통해 안채로 들어가는 구조입니다.

점에서 팔겠다며 대량으로 주문하면서 알려지기 시작했
어요. 그래서 '아당골 선씨 종가'라는 브랜드를 만들어
된장과 고추장, 간장을 시중에 판매하고 있습니다."

　선병국 고택은 사시사철 나름대로 운치가 있습니다. 봄
이면 정원에 만개하는 갖가지 꽃이 아름답고, 여름에는
솔바람 소리와 매미소리를 듣는 즐거움이 있습니다. 가
을에는 낙엽 바스라지는 길을 걷기가 좋고, 겨울이면 황
토 구들에서 옛 이야기를 두런두런 속삭일 수 있습니다.
　선병국 고택에서의 하룻밤은 특별합니다. 가로등이 없
어 밤이 되면 주변이 암흑으로 변하는데, 별이 총총 뜨
는 날은 은하수를 감상할 수도 있습니다. 아침 일찍 일
어나 툇마루에 앉으면 솔바람 소리가 개천의 물소리와
어우러져 장엄한 오케스트라를 연주합니다. 돌아오는
날 아침, 명문가의 장맛을 볼 수 있는 고택측의 선물은
덤입니다.

1　산수유가 만개한 사랑채 전경
2　한옥체험 공간으로 만들어진 신축 공간과 장독들

선병국 고택

선병국 고택에서는 체험객들을 위해 몇 년 전부터 황토방으로 펜션형 고택을 지어 활용하고 있습니다. 실내에 화장실과 세면장, 취사도구까지 갖추고 있습니다. 하룻밤을 이곳에서 머문 뒤 전통다원으로 활용되고 있는 사랑채에서 차 한 잔을 마시면, 도시에서 쌓인 스트레스를 싹 씻어낼 수 있습니다. 성수기나 주말에는 신청자가 많으므로 예약이 필수입니다.

고택 정보
주소 충북 보은군 장안면 개안리 154번지
전화 (043) 543-7177

고택 한 바퀴 둘러보기

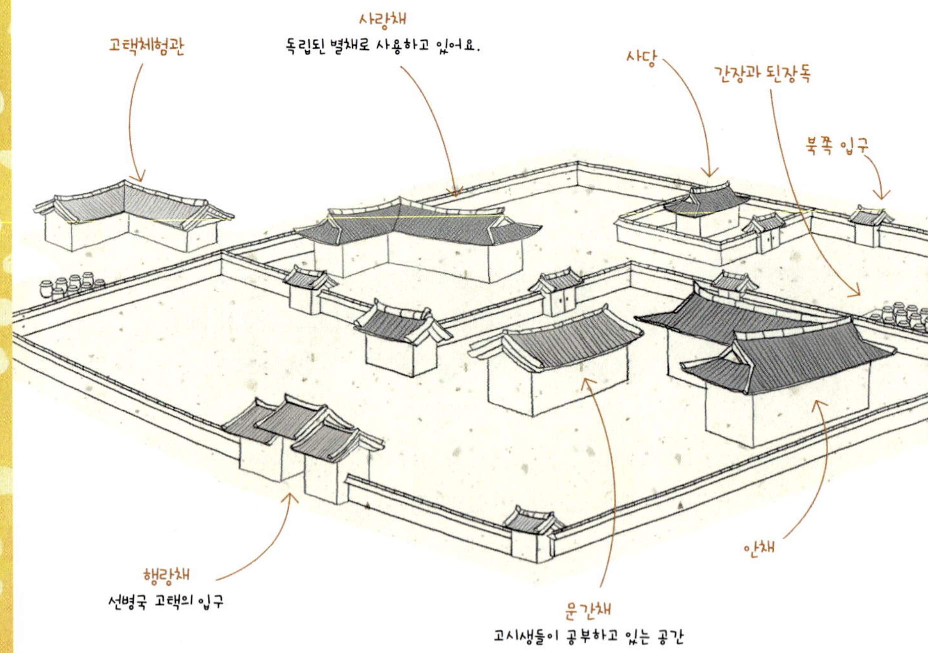

천년 고찰과 벼슬 얻은 나무
법주사와 정이품 소나무

선병국 선생 고택에서 승용차로 15분 거리에 천년 고찰 법주사가 있습니다. 이곳에는 국보 55호 팔상전을 비롯해 수많은 불교문화재가 있습니다.

한편 법주사로 향하는 길 입구에는 정이품 소나무가 있습니다. 나무가 벼슬을 받았다는 사실이 믿어지지 않겠지만 사실입니다. 조선시대 세조 임금이 속리산 법주사로 행차할 때, 타고 있던 가마가 이 소나무 아랫가지에 걸릴까 염려됐다고 합니다. 그때 누군가가 "가마 걸린다!"라고 외치자, 소나무가 스스로 가지를 번쩍 들어올려 임금의 가마를 무사히 통과시킬 수 있었다고 합니다. 이를 신비하게 여긴 세조 임금이 이 나무에게 '정2품(지금의 장관급)' 벼슬을 내렸다고 전합니다.

법주사 주소 충청북도 보은군 속리산면 법주사로 405
전화 (043)543-3615
홈페이지 beopjusa.org

보길도

김동성 고택

남국적인 풍취가 묻어나는 활엽수 옆으로 큰 대문이 보이고, 그 안에 전통고택이 자리 잡고 있습니다. 해남의 땅끝마을, 혹은 완도의 화흥포항을 통해 배를 타고 들어가는 김동성 고택은 여행의 또 다른 낭만을 선사합니다.

金東晟 古宅 김동성 고택

김동성 고택은 '김양제 가옥'으로도 널리 알려져 있습니다. 김양제 씨 별세 이후 그의 아들인 김동성 씨의 이름으로 고택이 보존되어 오고 있습니다. 완도문화재 제2호로 지정돼 있는 이 고택은 경주 김씨 상촌공파가 임진왜란 이후부터 터를 잡고 살아온 곳입니다. 신라 경순왕의 후예인 이들은 고려 말 충청도 관찰사를 지냈던 김좌수로부터 분파해 경기도 광주 후령에서 대대로 살아왔다고 합니다.

무관이었던 상촌 선생은 고려 말 이성계에게 혁명을 함께하자고 제안받았으나 거절하고 경기도 광주로 내려와 만년을 보내게 됩니다. 조선을 개국한 이성계는 경기도를 지나다가 상촌이 그곳에서 일생을 다했다는 이야기를 듣고 호를 내려 그의 절개를 기렸다고 합니다. 추사 김정희 선생과 일가였던 이들은 임진왜란 이후 소란스러움을 피해 전라도 완도로 내려왔습니다.

현재의 고택은 김동성 씨의 증조부인 김성희 선생이 지은 집

1 김동성 고택으로 향하는 길목에 있는 윤선도 유적지의 돌다리.
2 고택에 걸려 있는 선대 주인들 사진

으로 알려져 있습니다. 그는 조선 말 고종 때 사헌부 감찰과 중추원 의관을 지냈으며 일제시대 때는 항일산림전쟁의 주도자로 알려져 있습니다. 완도군수를 지냈을 만큼 지역의 유지였고, 조선시대 8대 부자 가운데 한 명으로 손꼽혔지요. 당시에는 만호장을 거느릴 만큼 부와 권세를 누려 호남지역에 명성을 드날렸다고 합니다. 조부 대에도 전라도 해남과 진도까지 땅을 가지고 있었으며 보길도의 산 가운데 70퍼센트를 소유하고 있었습니다. 당시에는 산에서 나오는 나무로 숯을 구워, 목포는 물론 제주도의 섬 가운데 제일 가까운 추자도에까지 조달했다고 합니다. 그러나 일제 강점기에 많은 토지를 빼앗기고 가세가 조금씩 기울기 시작했습니다.

이 고택을 최근까지 가꾸었던 김동성 씨의 부친인 김양제 씨도 5.16 군사쿠데타 때 완도의원을 역임한 지역유지였습니다. 그렇지만 군사정권에 협력하지 않는다는 이유로 부정부패의 죄를 덮어쓰고 광주교도소에서 옥살이를 하고 정치활동에 발이 묶였습니다. 그는 일찍이 서울에 유학해 경복고등학교를 마치고 은행에서 일하다가 부친의 사망으로 고향으로 돌아와 집안을 돌봅니다. 고향에서 두각을 나타낸 김양제 씨는 28세 때 노화면에서 민선면장을 두 번 했고, 완도군 도의원에 당선돼 본격적인 정치활동을 하려던 참이었습니다.

김동성 가옥은 김양제 씨의 아내인 김전 할머니가 고택을 지키고 있습니다. 팔순의 할머니는 서울에서 태어나 젊은 나이에 보길도로 내려와 평생을 보냈습니다. 그러나 아직

명문가에서의 하룻밤

도 도회지풍의 세련미와 현대여성미가 묻어나고 있었습니다. 그녀는 고택 뒤 정원에 화초를 가꾸며 여생을 보내고 있었습니다.

　　보길도 하면 윤선도를 떠올리고 유배지를 연상하지만, 조선 말부터 일제강점기를 거치면서까지 큰 부를 지니며 멀리 제주도에까지 권세를 떨쳤던 경주 김씨 상촌공파 후손이 그곳에 살아왔다는 사실은 생소합니다.

보길도로 가는 길은 해남의 땅끝마을에서 배를 타고 가는 길도 좋고, 완도 화흥포항을 통해 들어가도 푸른 남해의 싱그러움이 폐부를 향해 줄달음쳐 옵니다.

| 보길도로 가는 완도 화흥포항의 모습

　　　　보길도행 배편인 '신한 페리호'가 긴 경적을 울리며 출발을 알립니다. 서쪽으로 길게 누운 해는 아직도 중천이지만 흐린 탓에 저녁노을 빛깔을 띠고 있습니다. 빠르지 않는 속도이지만 육중한 배는 한 시간이 넘는 뱃길을 의식한 듯 채비를 단단히 하며 화흥포를 떠납니다. 물거품이 부서지는 배 뒷머리에 서서 바다를 물끄러미 바라봅니다. 여행이 가지는 호젓함이 물결처럼 넘실거립니다. 일상에 지치다 떠나온 여행의 묘미를 마음껏 누려봅니다.

노화도를 지나 이섬 저섬으로 왔다갔다 하면서 닿은 곳이 보길도. 뱃길 여기저기에는 양식전복장이 줄지어 형성돼 있습니다. 과거에는 다른 양식도 많이 했으나 요즘은 대부분 전복양식이 주를 이룬다고 합니다. 보길도에 도착하기 전 전화로 통화했던 터라 찾아가는 길은 어렵지 않습니다. 해가 떨어진 보길도에 비가 내렸습니다. 섬에서 바라보는 바다는 만조기라 섬 마을길을 덮칠 듯 넘실거립니다.

어둠이 내리자 섬마을에는 불빛이 하나 둘 켜지고 배가 정박하는 포구를 중심으로 불이 환해졌습니다. 할머니가 일러준 대로 '섬마을 가든'을 찾아갔습니다. 주인은 김구환 씨로 지역의 유지였습니다. 그는 김동성 고택과 친척관계로 현재 살고 있는 김전 할머니의 조카뻘이었습니다. 할머니 혼자 지내는 곳이라 하룻밤 머묾이 여의치 않자 조카에게 전화를 걸어 서울에서 오는 손님을 맞이하라고 임무를 내린 것입니다.

명문가에서의 하룻밤

1 완도 드라마 촬영지. '장보고'를 비롯한 많은 드라마를 찍은 곳입니다.
2 보길도에서 해남으로 가는 바닷길
3 보길도로 향하는 뱃길에는 자동차도 실을 수 있는 대형 여객기가 운항됩니다.

보길도 **김동성 고택**

김구환씨는 저녁을 함께하며 '김동성 고택'의 내력을 소상하게 전해 주었습니다. 자신의 가계에 대한 일이라 조상들의 이름까지 거론했습니다. 그 역시 김동성 고택 바로 아래 1995년 현대식 건물을 지어 살면서 여름철 피서객을 위해 민박집으로 개방하고 있었습니다. 불편하지 않다면 자신이 지은 '향고당'에 머물라는 제안에 그곳에서 하룻밤을 머물렀습니다. 밤늦게까지 보길도 이야기며 김동성 고택에 깃든 이야기를 들었습니다.

향고당이라고 이름 붙인 이유를 물으니 북바위를 향하고 있다고 해서 지었다고 했습니다. 북바위는 한쪽에서 보면 북같이 생기기도 하고, 다른 한쪽에서 보면 남근같이 생겨 야릇한 전설을 가지고 있었습니다. 김구환씨가 거기에 담긴 전설을 이야기해 주었습니다.

"북바위가 보길도 앞의 넙도를 바라보고 있어 그 섬 아가씨들은 바람이 잘 났다고 해요. 또 넙도에서 풍어제를 위해 풍물을 치면 장단이 북바위에 걸려 맞지 않은 일이 발생해 어민들은 고민에 빠졌지요. 여자들이 바람나고 풍어제를 지내기도 어려워 마을 사람들은 북바위를 무너뜨리기로 하고 실행에 옮겼답니다. 그러자 갑자기 벼락이 바위를 무너뜨리려고 하는 사람들에게 떨어져 모두 죽고 말았답니다."

다음날 아침 김동성 고택을 찾았습니다. 향고당에서 500여 미터도 안되는 거리에 있었습니다. 일본으로 전량 수출된다는 톳이 섬마을 도로 곳곳에 널려 있고 도로 바로 옆에 김동성 고택이 있었습니다. 남국적인 풍취가 묻어나는 활엽수가

보길도 고택 선조들의 비문

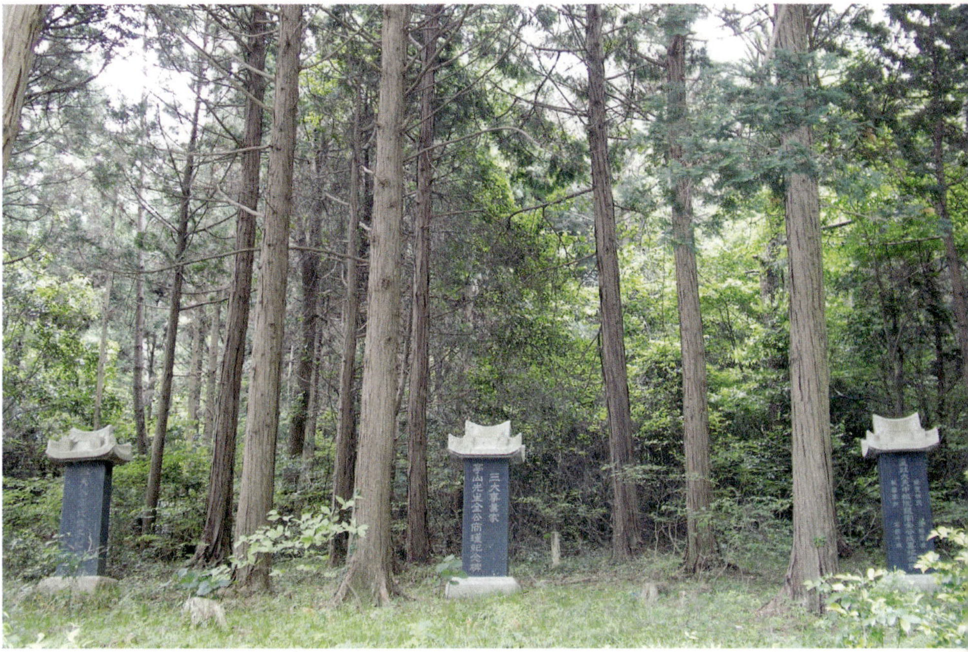

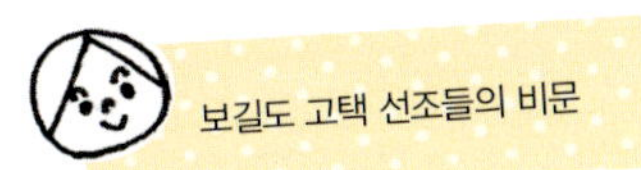

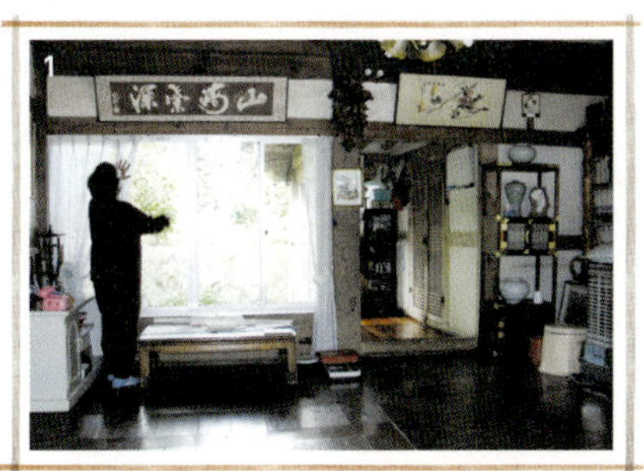

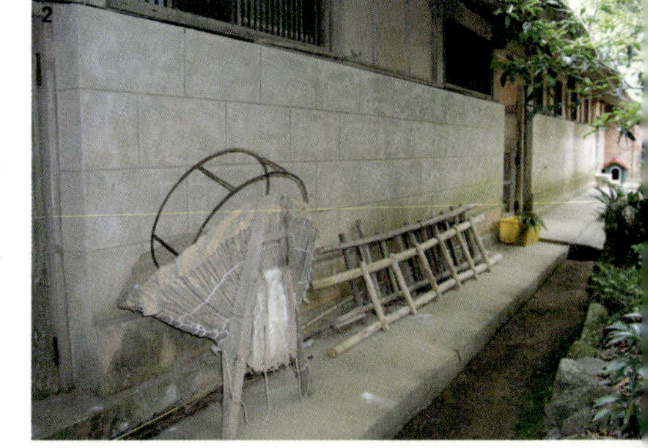

1 고택 안채의 모습
2 고택 문간채. 외벽에 현대식 건축구조가 가미돼 있습니다.

1 고택 본채의 입구
2 과거 손님이 머물렀던 고택 안채 사랑방
3 안채와 문간채 사이의 기와지붕
4 고택 사랑채인 행랑당. 남쪽지방이라 유
리창이 부착돼 있는 게 특징입니다.

서 있는 곁으로 큰 대문이 있고, 그 안에 전통고택이 자리잡고 있었습니다. 육지의 다른 지역과는 달리 섬의 석재를 이용했는지 현무암이 고택 이곳저곳에 보였습니다.

집 안에 완도문화재 1호와 2호 보유

행랑채를 지나면 사랑채인 행률당이 있고 대문채를 지나면 일자형의 안채가 자리하고 있습니다. 모두 4개의 집으로 되어 있는 고택은 김성희 선생에 이어 그의 아들인 김상근 선생이 행률당과 대문채, 행랑채를 증·개축한 것으로 전해지고 있습니다.

이 고택을 짓지 위해 인근에 기와공장까지 세워 이곳에서 구운 기와로 지붕을 이었으며, 중국과 일본인 목수까지 건축기술자로 참여하여 동양 3국의 특징을 갖추고 있는 독특한 건축물로 평가됩니다. 고택은 맨 앞의 정원인 전정과 중정, 후정 등 세 개의 정원이 있으며 150여종의 아열대 수종과 나대수종이 어우러져 마치 식물원을 연상하게 합니다. 고택 뒤 정원에는 장보고 시대에 조성된 중암사지에 방치돼 있던 혜일 스님 것으로 추정되는 부도가 보존돼 있습니다.

팔순 노인이 집을 관리하고 있는데도 집 안 구석구석에는 먼지 한 톨 보이지 않았습니다. 지역에서 제일 큰 전통고택이었지만 김전 할머니는 정갈한 성격만큼 집을 잘 관리하고 있었습니다. 김 할머니는 '성희대감'이었던 시할아버지의 자녀교육 방법을 고스란히 기억하고 있었습니다. 김 할머니에 의하면, 자신의 시할아버지는 세 아들에게 당시 돈 1만 환을 나

1 김전 할머니의 정갈함이 묻어나는 간장독
2 꽃을 좋아하는 김전 할머니가 키운 화초
3 완도문화재 제1호로 지정된, 고택 뒤뜰에 세워져 있는 부도

명문가에서의 하룻밤

뉘주고 몇 년 뒤에 다시 불러 그 돈을 어떻게 했느냐고 물어보았답니다. 그 중 한 아들은 간척사업을 해서 돈을 벌었고, 숯을 굽고 돈을 벌어 집문서를 가져오는 아들도 있었답니다. 돈을 천장에 넣어 두었다가 다시 아버지에게 내보여 혼줄이 난 아들도 있었답니다.

김 할머니가 꽃을 좋아해 집안 곳곳에 꽃향기가 진동했습니다. 인터넷까지 하시는 할머니는 사진을 찍으면 꼭 이메일로 보내달라고 당부했습니다.

집을 나오면서 김 할머니가 건강하게 오래 사시면서 고택을 지켜나갈 수 있도록 두 손 모아 기도했습니다.

김동성 고택

김동성 고택에서 직접 하룻밤을 보내기는 어렵습니다. 김전 할머니가 혼자서 집을 지키며 살고 있기 때문입니다. 대신 답사를 하는 정도로 만족해야 합니다. 하룻밤 머물려면 보길도에 산재해 있는 펜션과 민박 등 다양한 숙박업소를 이용하면 됩니다. 고택을 방문할 때도 예의를 지켜야 합니다. 사람이 살고 있는 집에 불쑥 들어가는 것은 실례이므로 주의하는 게 좋습니다.

고택 정보

가는 방법 완도에서 혹은 해남에서 뱃길로 1시간 여 걸려 보길도로 들어간다. 보길도 청별항에서 내리면 이곳 저곳에 식당들이 보이는데, 어느 식당에 들어가도 보길도 지도를 얻을 수 있다. 김동성 고택은 섬으로 들어가는 우측 길을 쭉 따라 15분 가량을 돌아가는 길 끝닿은 곳에 있다.

주소 전라남도 완도군 보길면 정자리 465번지

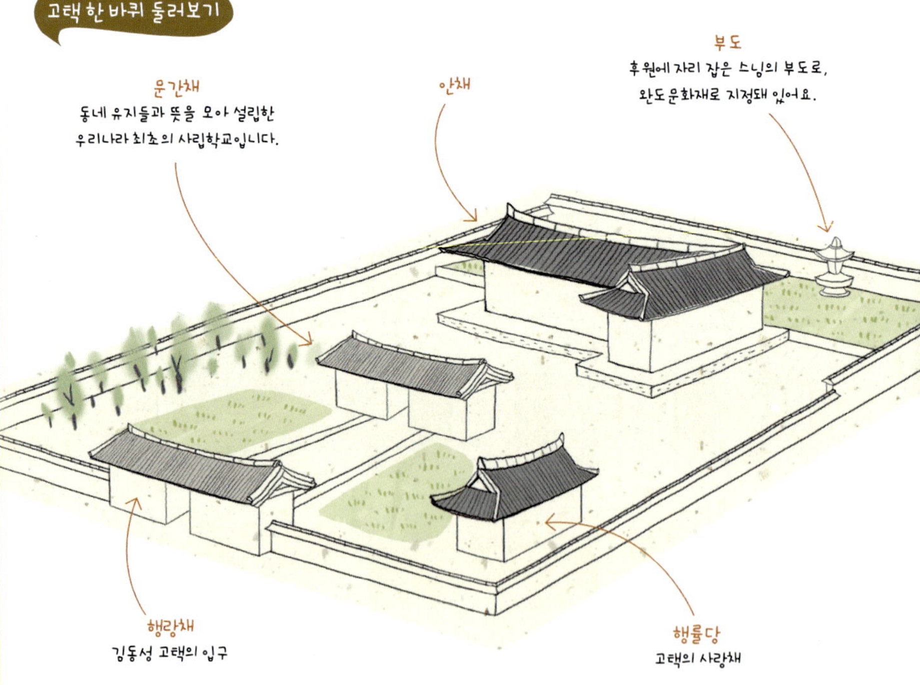

윤선도 선생의 유적지
세연정

세연정은 자연 연못과 인공 연못이 조화된 연못으로, '세연'이란 '기분이 매우 상쾌하고 단아한 상태'를 이르는 말입니다. '자연을 씻는다'는, 이름마저 고고했던 고산 윤선도 선생의 기품이 느껴집니다. 고산 선생은 조선 중기에 조선조 시조문학을 마지막으로 장식한 대가로, 수(水), 석(石), 송(松), 죽(竹), 월(月)을 자신의 벗으로 삼았습니다.

세연정은 보길도 주산인 격자봉 아래에서 근원한 계곡에 보를 쌓아 만들었습니다. 이 정자는 고산 선생이 구현하는 이상 세계의 실제적 구현의 장입니다. 세연정에는 작은 바위들이 놓여 있어 아름다운 경관을 이루고 있는데 이를 칠암이라 했습니다. 일곱 개의 바위에서는 산란기가 되면 올라오는 송어나 은어를 낚는 낚시터가 되기도 하였습니다. 이곳에서 고산 선생은 배를 띄워 동자에게 '어부사시사'를 사시사철 노래하도록 했습니다.

주소 전라남도 완도군 보길면 부황리 595외

남도의 젖줄
완도 어촌민속전시관

동아시아 최고의 해상왕 장보고의 섬이었던 완도(청해진)의 영화로움을 관찰할 수 있는 곳입니다. 어촌민속전시관은 완도와 완도 주변 섬들을 이어주는 화흥 포구 인근에 자리잡고 있습니다. 국내 최초 어촌박물관으로, 어촌의 생활사, 어획 방법, 수산양식의 실태, 선박의 발달사 등 어촌의 풍물들을 구경하면서 동시에 체험도 가능합니다. 역사뿐만 아니라 규모면에서도 국내 최대 전시규모를 자랑하고 있습니다.

주소 전라남도 완도군 보길면 정도리 960번지
전화 (061)550─6911
관람시간 09시부터~18시(3월~10월), 07시~17시(11월~12월), 매주 월요일과 매년 1월 1, 2일은 휴관

● 보길도 **김동성 고택**

서산
정순왕후 생가와 계암고택

정순왕후가 왕비 간택 당시 받은 질문 중 하나가 "좋아하는 꽃이 무엇이냐"였다고 합니다. 이 질문에 다른 이들은 화려한 꽃들을 열거했지만 정순왕후는 "목화"라고 대답했습니다. 그것으로 백성들의 옷을 만들 수 있기 때문이라고 했답니다. 현명하고 지혜로운 대답이 아닐 수 없습니다.

溪巖古宅 ^{계암고택}

정순왕후 생가와 계암고택이 자리한 '한다리 마을'은 충신과 애국지사와 효자마을로 유명합니다. 일제시대에는 이곳에서 태어나 독립운동을 하다가 중국에서 순국한 백림 김용환 선생이 있었습니다.

백림 선생은 지역에서 독립운동을 하다가 1919년 3월 서울 봉익동에서 일진회 회원 전협과 최익환이 중심이 되어 결성된 독립운동단체인 조선민족대동단에 가입해 적극 활동합니다. 그는 조직원 모집과 자금 모금에 헌신적인 활동을 해왔습니다. 하지만 그해 3·1 독립선언 이후 들이닥친 탄압 국면을 헤쳐 나가기 어려워지자 중국 절강성 항주시로 넘어가 독립운동 활동을 계속하다 뜻하지 않은 병마를 얻어 27세라는 젊은 나이에 순국하고 맙니다. 백림 선생의 묘비는 보훈처 답사반에 의해 2003년 절강성 고탕산에서 발견돼, 유해가 그해 12월 국립현충원에 안치됐다가 2004년 대전국립묘지 독립유공자 3묘역에 안장됐습니다. 묘비는 현재 그의 생가 앞마당에 세워져 있으며 백림 선생에게는 건국훈장 애족장이 추서되었습니다.

이 고택을 지은 선대 어른이자 '한다리 마을' 입향조인 김연도 명문가의 의무를 다했습니다. 평안도 안주목사를 지냈던 김연 선생의 증손자인 김홍익 선생도 병자호란 때 왕의 호위병을 이끌고 광주 험천_{현재의 경기도 분당}에서 전투를 벌이다 전사했습니다. 그는 연산현감으로 재임 중에 병자호란이 일어나자 근왕병을 이끌고 충청감사 정세규를 따라 인조 임금이 피신한 남한산성으로 들어갔습니다. 험천에 이르렀을 때 청나라 군대의 습격을 받아 격전이 벌어졌습니다. 김홍익 선생은 적군 10여 명의 목을 베며 필사적으로 전투에 임했으나 칼이 부러져 온몸에 칼과 화살을 맞고 전사하고 말았습니다. 통인지방관아 관리직으로 있던 장사정이 그의 시신을 안고 나오다 적군의 칼에 죽었으며, 이 소식을 전해 들은 장사정의 아내도 목을 자결했습니다. 나중에 조정에서 세 사람의 충절을 기리는 누각을 세워주었고, 김홍익 선생은 이조판서로 승진해 '충민'이라는 시호를 받았습니다.

대의명분을 중시했고 이를 위해 목숨까지 바친 가문의 충정 때문인지 그 후손인 김홍경 선생은 영의정을 지냈으며 그의 아들 김한신은 영조의 둘째 딸인 화순옹주와 결혼해 부마왕의 사위가 되기도 했습니다. 그의 조카뻘 되는 김한구 선생의 딸도 정순왕후가 되면서 다시 국혼을 맺게 됩니다. 그리고 그 후 정승이 37명이나 배출되었습니다. 조선의 대표적인 학자로 추앙받는 추사 김정희 선생도 한다리 김씨 가문입니다. 조선 철종시대에는 김도희 선생이 좌의정을 역임하며 가문의 명예를 높이기도 했습니다.

봄바람처럼 폭넓은 아량은 모든 것을 받아들인다

충청남도 서산, 가야산의 산세가 내포지역으로 이어져 바다로 흘러내리는 곳에 정순왕후 생가와 계암고택김기현가옥이 자리하고 있습니다. 산들은 낮고, 인심은 후덕한 경주 김씨 집성촌입니다.

명문가에서의 하룻밤

이들은 600년 전 이곳을 세거지로 삼았습니다. 정순왕후의 생가는 독립운동가였던 애국지사 김용환 선생의 본가이기도 합니다. 계암고택은 예전에는 정순왕후 생가와 이어진 한 건물이었으며 정순왕후 생가와 이어진 건물이었습니다.

한다리 김씨가 융성했던 시기에는 기와집이 즐비했으나 현재는 계암고택이 국가지정문화재 중요민속자료 제199호로 지정되고 정순왕후 생가는 시도 기념물 제68호로 지정돼 보존되고 있습니다.

계암고택은 한때는 비어 있었으나 고택 활성화 차원에서 주인인 김기현 선생이 일반인들에게 개방하고 있습니다. 안내서에는 고택의 건립 연대를 19세기 중반으로 추정하지만 집안에 내려오는 전언에 따르면 효종왕으로부터 하사받은 집으로, 문신 김홍욱 선생이 늙은 부친을 모시고 있다는 사실

계암고택 안채. 안주인의 정갈함이 묻어나는 듯 깨끗합니다.

안채에 있는 우물은 지금도 유용하게 사용되고 있습니다.

을 알고 내려준 목조 기와집이었다고 합니다. 그래서 최소한 이 고택이 지어진 시기는 효종왕 재위 때인 1649년에서 1659년 사이로 추정할 수 있습니다.

전통과 근대 양식이 혼재된 고택

정순왕후 생가와 계암고택은 전통적인 양반가옥 구조로, 안채는 'ㅁ'자로 지어졌고 여기에 사랑채가 이어져 있습니다. 현재의 계암고택 사랑채 뒤편에는 초당초가집이 3칸 규모로 지어져 있는데, 조선시대 일반 평민의 가옥 구조를 그대로 옮겨 놓았습니다. 고택 소유자 김기현 선생은 그 이유를 다음과 같이 설명합니다.

"예로부터 선대 어른들은 일반 민초들의 삶을 이해하기 위해 초당을 지어 이곳에서 생활해 보기도 했습니다. 그래야 그들의 생활을 이해할 수 있기 때문입니다. 고래등 같은 기와집을 짓고 살면서 민초들의 마음을 이해하기 어렵다고 본 거지요. 그만큼 민초들을 살피는 데 눈높이를 맞춘 겁니다."

김기현 선생은 초당 현판에 '홍도촌사紅稻村舍'라는 현판을 걸었습니다. 이 글귀는 추사 김정희 선생이 제주도에서 9년간 귀양살이를 할 때 쓴 글씨입니다. '홍도붉을 홍, 벼 도: 붉은 벼'는 '사랑'을 의미하고 '촌사'는 '시골집'이란 의미입니다. 의역하면 '사랑이 있는 시골집'입니다. 작고 소박한 집에서 풍기는 소소한 아름다움이 현판에서도 묻어납니다.

정순왕후 생가 소유주와 계암고택 소유주가 다른 관계로 계암고택은 변형이 이루어졌습니다. 과거 행랑채와 솟을

명문가에서의 하룻밤 ● ●

1 일반인들에게 개방하고 있는 계
암고택에서 제일 큰 사랑채방
2 계암고택에서 노후를 보내고 있
는 주인 김기현 선생

계암고택 초당. 양반가이면서도 평민들의
삶을 체험하기 위해 초가를 지어 가끔씩 이곳에서
생활하기도 했다고 합니다.

1 계암고택의 부엌. 정갈하기도
 하지만 음식 맛이 일품입니다.
2 안채로 향하는 문. 입구에서부
 터 여러 개의 대문을 거쳐야
 합니다.
3 안채(왼쪽)와 별채인 초당

대문이 있었던 자리가 막히고, 대신 행랑채 우측 북쪽에 솟을대문을 달아 입구로 만들었습니다. 그리고 입구 바로 앞의 사랑채를 추녀가 살짝 들린 팔작지붕 형태로 지었습니다. 이 양식은 구한말 러시아의 영향을 받은 러시아풍의 차양채입니다. 근대식 건축풍이 혼재돼 있음을 알수 있습니다.

고택의 각 칸은 조선시대 양식에 따라 지어져 현대인이 생활하기에는 작은 느낌입니다. 하지만 아늑하고 정겨운 느낌을 줍니다. 한편 작은사랑방과 큰사랑방은 장작으로 난방을 할 수 있어 황토구들장 체험도 가능합니다. 안채는 안방, 대청 건넌방이 있으며 안방 부엌에는 옛날가마솥이 걸려 있고 부엌 식탁에는 근대식 탁자를 배치해 신·구의 미묘한 조화가 이채롭습니다.

북쪽으로 들어오는 솟을대문을 닫으면 고택 전체가 요새처럼 닫히는데, 김기현 선생은 "100여 년 전에 풍수지리상 동쪽 문을 운이 빠져나가는 형국이라 생각해 북쪽에 문을 내어 그것을 방지한 것으로 안다"고 설명합니다.

올곧은 선비의 풍모를 엿보다

화려한 사랑채는 외부인을 극진히 대접하기 위해 세워진 듯합니다. 이런 점으로 볼 때 한다리 김씨 가문의 가풍은 상당히 외향적인 성격이 아니었나 하는 생각이 듭니다. 그렇지만 사랑채의 규모는 다른 명문가에 비해 크지 않습니다. 여기에 딸린 정원 역시 몇 그루의 나무만 식재되어 있어, 권세를 가졌으나 과시하지 않는 절제된 생활을 했음을 보여주고 있습니다.

계암고택의 사랑채가 바로 정순왕후의 생가입니다. 지금은 계암고택과 정순왕후 생가가 후손에 의해 분리되어 각각의 고택은 입구를 새로 만들었습니다. 고택의 선조였던 정순왕후 간택 이야기도 흥미를 끕니다. 정순왕후가 왕비 간택 당시 받은 질문 중 하나가 "좋아하는 꽃이 무엇이냐"였다고 합니다. 이 질문에 다른 이들은 화려한 꽃들을 열거했지만 정순왕후는 "목화"라고 대답했습니다. 그것으로 백성들의 옷을 만들 수 있기 때문이라고 했답니다. 현명하고 지혜로운 대답이 아닐 수 없습니다.

계암고택 사랑채 뒤편에는 의미 있는 현액이 기둥에 걸려 있습니다. 예서체로 쓰인 7언 절구의 한시는 고택 소유자의 선대 어른이기도 한 추사 선생의 글입니다.

대팽두부과강채大烹豆腐瓜薑菜
고희부처아녀손高會夫妻兒女孫
좋은 반찬은 두부, 오이, 생강, 나물이요,
훌륭한 모임은 부부와 아들, 딸, 손자와의 만남이라.

이 글귀는 추사 선생이 세상을 떠나기 전 썼을 것으로 추정되는 명작입니다. 핵가족화되는 요즘 시대에 가족의 중요함을 일깨워 줍니다. 양반가에 태어났지만 세상 풍파를 겪은 노학자의 소박하고 평범한 마음을 엿볼 수 있습니다. 여기에 더해 2개의 현액이 더 걸려 있습니다.

춘풍대아등용물春風大雅能容物
추수문장불염진秋水文章不染塵
봄바람처럼 폭넓은 아량은 모든 것을 받아들이고
가을 물처럼 맑은 문장은 먼지에 물들지 않는다.

올곧은 선비의 청렴한 지도자적 철학이 돋보입니다. 이 글귀를 자녀들에게 한 번 들려 주는 것만으로도 계암고택에서의 하룻밤은 의미가 있을 듯합니다.

1 근대식 차양이 설치된 사랑채

2 사랑채 벽에 덧댄 나무가 고택의 정취를 더해줍니다.

3 사랑채 뒷문. 기둥에는 추사의 후손답게 조상의 유지를 이은 주련을 걸어놓았습니다.

4 정순왕후 생가에서 바라본 계암고택 안채. 지금은 소유주가 분리됐지만 과거에는 한집이었습니다.

정순왕후 생가와 계암고택

정순왕후 생가는 개방되지 않고 계암고택만 개방돼 있습니다. 안채 문간방과 사랑채, 초당 행랑채 등 총 7개의 방을 사용할 수 있습니다. 철저하게 예약제로 운영되고 있으며 선불제입니다. 요금은 평균 6만 원에서 10만 원 선으로 성인 1인당 3만 원 정도입니다. 예약을 하면 아침식사도 가능한데, 서산시가 지정한 종갓집 음식 우수고택으로 지정돼 있어 맛을 기대해도 좋습니다.

고택 정보

주소 충남 서산시 음암면 유계리 465번지

전화 (041)688–1182

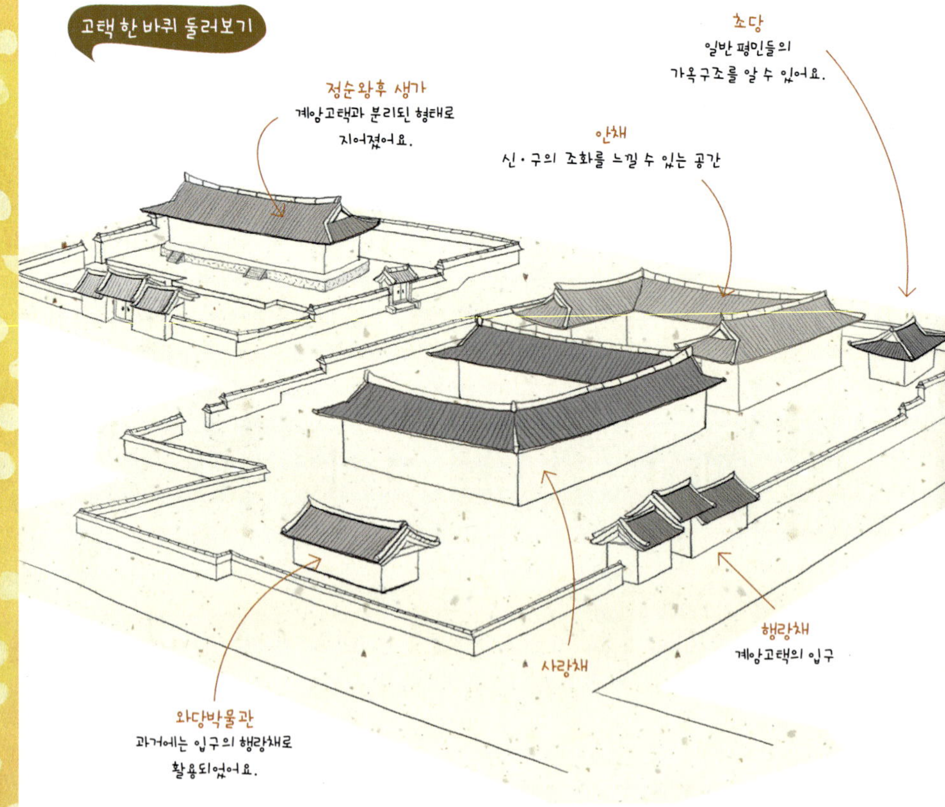

아름다운 모래언덕
신두리 해안사구

태안반도 북서부에 위치한 해안사구는 국내 최대의 모래언덕입니다. 해수욕장에서 10km에 달하는 모랫길이 펼쳐져 있어 이국적인 느낌을 줍니다. 규모는 해변을 따라 길이 약 3.4km, 너비 500m~1.3㎞로, 사구의 원형이 잘 보존된 북쪽 일부가 천연기념물로 지정되었습니다.

해안사구는 바닷물이 오가며 언덕을 만든 지형으로 모래 공급량과 풍속, 풍향, 식물의 특성, 주변 지형, 기후 등의 요인에 따라 그 형태와 크기가 결정된다고 합니다. 또한 해안사구는 육지와 바다 사이 퇴적물의 양을 조절하여 해안을 보호하고, 아름다운 경치를 연출하기도 합니다.

주소 충청남도 태안군 원북면 신두리 산263-1
전화 (041)670-2114

공룡을 만나러 간다
안면도 쥬라기박물관

안면도 쥐라기박물관에는 공룡과 관련된 다양한 시설이 전시돼 있습니다. 미국에서 발견된 아파토사우르스 골격, 아르헨티나의 글렌 로커 박사가 세계 최초로 발견한 티라노사우르스의 알, 그리고 영국 켄달마틴 박사가 발견한 스피노사우르스 골격 등 국내에서는 한 번도 선보인 적 없는 진품 공룡을 만나볼 수 있습니다. 또한 자연과학의 발전상을 알 수 있는 시대별 화석, 우리의 실생활에서 발견되고 활용되는 여러 광물들과 원석, 그리고 그 원석을 가공하여 만든 보석 등이 전시되어 있습니다.

주소 충청남도 태안군 남면 신온리 641-3
전화 (041)674-5660~1

동암고택 와송정

동암고택 와송정의 백미는 송암 선생이 지은 사랑채 입니다. 주변에는 소나무 세 그루와 연못이 있습니다. 소나무 세 그루 가자라면서 연못과 햇볕의 영향인지 누운 듯이 비스듬하게 서 있습니다. 그래서 '와송정'이라는 이름이 붙었습니다.

臥松亭 와송정

충청남도 민속문화재 제31호로 지정돼 있는 동암고택 와송정임동일 고택은 청양군 화성면 화암리 222번지에 있습니다. 마을 입구에 충정과 절개를 지킨 선조들의 공적을 기록한 비문이 즐비한 것으로 보아 보통마을이 아님을 직감할 수 있습니다. 동암고택은 오서산을 뒤로하고 구봉산을 바라보고 있으며 그 앞에 무한천이 평야를 감아돌며 흐르는 배산임수 지역에 자리하고 있습니다. 높은 곳에서 보면 화성지역 분지의 기름진 평야에 한 개의 매화 봉우리 모양으로 보이기도 하고 하나의 둥지가 아담하게 놓인 형국으로도 보입니다. 그래서 분지 속의 매화 봉우리가 알을 품고 있는 모양입니다. 드넓은 화성지역 평야에 알을 품었으니 포근한 기운이 대를 이어졌고, 구봉산 아홉 봉우리의 기운이 흘러들어 온 곳이 동암고택입니다. 그래서인지 옛 집터를 크게 지은 동암 임헌 선생은 무려 17명의 자녀를 두었다고 합니다.

이 지역은 평택 임씨 집성촌으로, 수많은 애국지사가 나온 곳으로 유명합니다. 동암고택은 근래에 국무총리를 지낸 이현재 씨의 외가이기도 하니, 명당의 위세가 현재까지 이르고 있다고 해도 과언이 아닐 것입니다.

화암리의 작은골 안 외진 곳에 자리하고 있는 동암고택 와송정사는 명성에 비해 현재는 보존상태가 온전하지 못합니다. 400여 년의 역사를 지니고 있어서인지 개축과 증축을 거듭하면서 고택의 양식이 혼재돼 있습니다. 먼저, 일자로 지어진 안채는 동암고택 와송정의 건립역사와 같습니다. 선명한 상량문이 400여 년의 역사를 말해주고 있습니다. 홍송으로 만들어진 부재들의 선홍빛깔도 고택의 기품을 느끼게 해줍니다. 특이한 점은 빗물이 스며들지 않도록 하기 위해 추녀의 목재를 길게 낸 점입니다. 그로 인해 400여 년의 기간에도 무너지지 않고 버텨온 힘이 되지 않았나 싶습니다. 하지만 최근에는 보수를 하면서 세 개의 기둥과 126개의 연목을 교체했다고 합니다.

와송정의 비밀

동암고택 와송정의 백미는 구한말에 송암 임용주 선생이 지은 사랑채입니다. 송암 선생은 사랑채를 개축하고 주변에 소나무를 심고 연못을 조성했습니다. 이 때 심은 세 그루의 소나무가 연못과 햇볕의 영향인지 누운 듯이 서 있어 나주에 사는 종친이었던 임중필 선생이 당호를 '와송정'이라 부르기 시작했습니다. 송암 선생은 사랑채와 더불어 안채와 사랑채 사이에 동서로 창고와 쌀광을 지어 'ㅁ' 자 형의 저택을 지었습니다.

암울한 시기에 왜 이런 저택을 지었을까 하는 의구심이 들지만 고택의 활용도를 보면 송암 선생의 깊은 마음 씀씀이를 엿볼 수가 있습니다. 그가 지은 사랑채는 독특한 구조를 지녔습니다. 정면 6칸, 측면 2칸의 아담한 건물에 가운데 3칸은 마루가 설치되어 있고, 건물 오른쪽으로는 같은 지붕으로 연결된 정자 형태의 마루가 넓게 설치되어 있는 특이한 구조입니다. 탁 트인 누각이 있고, 방과 방 사이의 문을 열면 하나의 방이 될 수 있습니다. 물론 사랑채라 외부 손님을 대접하는 용도이긴 하지만 언뜻 보면 이런 집은 거주를 위한 목적이 아니었음을 느낄 수 있습니다. 사랑채라기보다는 여러 사람이 모임을 가질 수 있는 대규모 강당 같은 모습을 처음부터 생각하고 지어진 건물이 아닌가 싶습니다.

사랑채 앞에 연못을 조성해 조경을 하고 세 그루의 소나무를 심은 것 역시 조경사업의 일환으로 보이는 듯하지만, '왜 하필이면 소나무일까' 하는 생각을 해봅니다. 일제 치하 이 지역에서는 의병 활동이 분연히 일어나기도 했고, 평택 임씨 일가 종친 가운데는 항일 독립운동에 투신한 사람도 있었습니다. 이러한 역사의식에 기인해서인지 사랑채 앞에는 우리 민족의 청청한 기개를 상징하는 소나무를 세 그루 심었습니다. 이 고택을 증축한 송암 선생은 암울했던 일제 치하의 현재를 바라보며 과거 조선조의 조상들이 견지했던 올곧은 지조를 생각하고, 미래에는 반드시 독립을 이룬 나라를 만들어야겠다는 의지를 다지지 않았을까 하는 생각이 듭니다.

사랑채와 연못의 독특한 구조

동암고택 와송정 앞 연못의 조성도 특이합니다. 사랑채를 앞에 두고 조성한 연못은 마치 사랑채를 보호하기 위한 구조 같습니다. 아주 비밀스런 회합의 장소로 사용하다가도 외부의 인기척이 있을 때 충분히 대비책을 강구할 수 있도록 마련된 것이다.

사랑채 누각에서 밖이 훤히 내려다보이고 각 방은 하나의 방으로 연결돼 수십 명이 모여 아주 비밀스런 이야기를 해도 보안이 철저히 이루어집니다. 연못을 사이에 두고 있어 섬처럼 만들어진 사랑채입니다. 외부로 향하는 전형적인 사랑채의 건축구조와 닮아 있으면서도 내부를 단속하고 외부로부터 집 안 사람들을 보호할 수 있게 지어졌습니다.

사랑채 옆에 마주보며 지어진 창고와 쌀광도 특이합니다. 이 두 건물은 안채와 사랑채를 꽉 물리게 해 'ㅁ'자 형이 됩니다. 이러한 건물구조는 조선 후기 양반가옥의 구조라고 보기에는 어렵습니다. 어느 정도 권세를 누리는 집안이라면 행랑채와 사랑채 안채 등을 엄격하게 구분하고 거기에 따른 건물배치를 했을 것입니다. 하지만 동암고택 와송정은 이러한 형식과는 거리가 멉니다. 주로 하인들이 거주했던 행랑채는 흔적도 보이지 않습니다. 대신 지금은 존재하지 않지만 쌀을 보관했다는 광이 있고, 그 건물과 마주보는 곳에 창고를 두었습니다.

신비로운 것은 현재 창고의 뒤편 바닥에서는 '마르지 않는 샘물'이 솟아난다는 점입니다. 이 샘은 건물이 지어질 때부터 나왔는데 아무리 가물어도 마르지 않습니다. 수질도 우수해 여건이 되면 먹는 샘물로 복원해 고택의 체험거리로 활용할 계획이라고 합니다.

　조선 중기는 나라가 혼란한 시기였습니다. 임진왜란 이후 흉흉한 민심이 채 가라앉기도 전에 광해군이 대북파의 지지를 받아 조선 15대 왕으로 즉위를 했지만 그가 오른 권좌는 순탄하지 못했습니다. 그에게는 '폐모살제'라는 꼬리표

1 동암고택의 창고. 과거에는
  음식을 만드는 등 다용도로
  활용되었습니다.
2 동암고택 안채. '―'자 형으로
  지어져 여러 차례 중수된 끝
  에 근현대식이 가미됐습니다.

1·2 일반인들에게도 공개되는 사랑채, 와
    송정의 내부. 은은한 한지등이 불을
    밝히고 있습니다.
3 와송정의 아궁이. 아직도 옛날식 아궁
   이에 불을 지펴 구들방을 데웁니다.
4 안채 중앙에 걸려 있는 '동암당(桐庵
   堂)'이라는 고택 현판. 400여 년의 역사
   를 가진 이 집은 동암 임헌 선생이 크게
   지으면서 동암고택으로 불렸습니다.

가 따라다녔습니다. 폐모란 선조의 두 번째 왕비인 인목왕후를 일반 백성으로 신분을 낮춰 서궁에 유폐시킨 일이고, 살제란 배다른 동생인 영창대군을 죽인 일입니다. 광해군은 명나라와 후금후의 청나라 사이의 중립외교 노선을 택했는데, 신하들이 광해군을 명나라에 대한 의리를 배신하고 인륜을 어겼다며 왕위에서 쫓아내고 인조를 옹립하는데 이 사건이 바로 인조반정입니다. 이러한 시기에 충남 청양군 화암리에 살았던 동암 임헌 선생은 서인 중의 한명이었던 이시방으로부터 인조반정의 거사에 동참하자는 제안을 받았습니다.

"이보시게, 임공. 조정이 온통 쑥대밭이네. 우리가 나서서 어려운 조정을 구해야 하지 않겠나?"

하지만 동암 선생은 일언지하에 거절했습니다.

"난 그런 데는 관심이 없네."

동암 선생은 부질없는 당파싸움에 전혀 관심을 보이지 않았습니다. 그는 그저 고기 잡고 밭 갈며 오서산 아래에서 세월을 보냈습니다. 인조반정이 성공해 또다시 그에게 출사 제안이 들어왔으나 끝내 자신의 의지를 꺾지 않고 살았습니다.

세월이 흘러 구한말, 그의 후세인 송암 임용주 선생이 동암 선생이 살았던 터를 개축해 와송정을 건립합니다. 그때는 국모인 명성왕후가 시해된 해이기도 했습니다. 어수선한 시절에 저택을 지은 송암 선생의 뜻은 다른 데 있었습니다. 반듯한 집을 지어 자신과 가족들만 사용하는 용도 대신 서당을 개설한 것입니다. 그는 암울한 시대를 살아가는 조선의 한 사람으로서 자신이 해야 할 일이 무엇인가를 깨달은 듯했습니다.

송암 선생은 서당을 열어 애국지사인 임한주 선생과 서예가
인 유진호 선생을 초빙해 교육에 힘썼습니다. 임씨 집성촌인
이곳의 젊은 종친과 인근 부락의 젊은이들이 모여 일제의 식
민통치에 대한 부당함을 배우고 울분을 토하기도 했습니다.
또한 뜻있는 문인들을 초청해 시회를 열고 토론회를 가지며
민족각성 운동에 나서기도 했다.

독립의식 고취의 본거지였던 동암고택의 이러한 내력은 인
근마을인 평택 임씨의 집성촌, 수정리 물안이 마을을 '독립
지사 마을'로 만들기에 충분했습니다. 마을 입구에 세워진
비문을 통해서도 잘 알 수 있습니다.

동암고택의 주인이었던 임헌 선생의 이력에 대해서는 자세

유림의 '파리장서'

'프랑스 파리에 보낸 긴 편지'란 뜻에서 붙여진 이름입니다. 1919년 불교도, 기독교도, 천도교도들이 포함되어 3 · 1 독
립운동이 일어나면서 유교계도 독립청원운동에 나서기로 합니다. 이것이 바로 파리장서운동인데 137명의 유림 대표
가 전문 2,674자에 달하는 장문의 한국독립청원서를 파리강화회의에 보냅니다. 이 장서는 유림을 대표해 김창숙 선생
이 짚신으로 엮어 상해임시정부로 가져갔습니다.

명문가에서의 하룻밤 ● ●

한 기록이 없습니다. 그러나 당쟁을 멀리하고 유유자적하며 검박하게 살았지만 대의와 명분 있는 일에는 목숨까지 던졌던 동암고택의 유훈은 후세에도 길이 빛을 발하고 있습니다.

동암고택 와송정의 민족정신

동암고택 와송정의 정신은 구한말 일제의 침략에 항거한 민족운동으로 고스란히 이어져 있습니다. 홍주의병에 임승주 선생과 임한주 선생이 직접 참여했는데, 특히 임한주 선생은 홍주의병과 을사조약후 의병사를 기록한 〈홍양기사〉를 저술해 오늘날 홍주의병사 연구에 중요한 기록을 남겼습니다.

그는 기미독립운동이 전개되자 파리 평화회의에 보낼 장서를 기초했다고 합니다. 영남 유학자 곽종석과 김창숙, 홍주의병장 김복한 등과 긴밀하게 내통했다가 징역 6년을 선고받아 옥고를 치르기도 했습니다. 이러한 공적으로 1990년 건국훈장 애국장이 추서됐고 임승주 선생에게는 애족장이 추서됐습니다.

1919년 3.1만세운동 이후 4월 5일에는 홍주의병의 격전지였던 화성면 향리 모듬내 장날을 기해 대규모의 만세운동이 일어났습니다. 이에 일본 헌병대와 대치했고 4월 7일 농암리에서도 80여 명의 주민이 만세를 외쳤고 8일에는 결혼식을 마치고 돌아가던 하객들까지 만세운동에 합류하기도 했습니다.

나라가 피폐해 어려운 시기에 부자로 살 수도 있는 마을이었지만 그들의 피 속에는 민족의 앞날이 걱정되었고, 백성들이

옳은 일을 위해 봉기하는데 힘을 보탰던 정신은 '노블레스 오블리제'의 전형을 보여줍니다.

1960년대 새마을운동이 한창이었던 시절에도 평택 임씨 문중에서는 배움에 목마른 청소년들을 모아 '새마을 학원'이라는 간판을 걸고 교육사업을 펼치기도 했습니다. 동암고택 와송정을 지키고 있는 임동일 선생 역시 오랫동안 교직에 봉직하다 퇴직한 교육공무원 출신으로 말년을 지역사회에서 역사학자로 살아가고 있습니다.

폐허로 사라질 뻔한 위기에 처했지만 우리 것에 대한 애정이 있었기에 현재의 동암고택 와송정을 유지할 수 있었습니다. 임동일 선생은 "새마을운동으로 인해 초가집도 없애고 기와집도 없애고 양철이나 슬레이트 일색의 지붕으로 개량됐습니다. 그러다 보니 우리 주택의 원형은 오늘날 찾기 힘든 상황이고 간혹 초가나 와가가 있다고 하여도 유지보수는 기술적인 면이나 경제적인 면에서 엄두도 못내는 형편입니다."라며 꼬집었습니다.

그나마 동암고택 와송정이 중수될 수 있었던 것은 2007년 문화체육관광부가 기획한 전통한옥관광자원화 사업이 청양군에 의해 이루어졌고, 2010년 지방민속문화재로 지정되었기 때문입니다.

임동일 선생은 이제 남은 동암고택 와송정에 대해 두 가지의 염원을 가지고 있었습니다.

"하나는 명칭상 '청양 임동일 가옥'에 대한 명칭을 바로잡고 싶습니다. 문화재 등록 과정에서 소유주의 이름이 들어간 상태로 문화재로 지정됐지만 원래 고택을 지었던 동암 선생의 이름이 들어 있는 '동암고택 와송정'의 이름을 되찾아야 합니다. 그것이 이 고택의 진정한 가치이니까요. 다른 하나는 쌀광으로 사용돼 왔던 건물을 복원하는 것입니다. 현재 임동일 선생이 주거하고 있는 가건물이 그 공간입니다. 아직 역사적 고증을 거쳐야 하겠지만 쌀광이 복원되면 동암고택 와송정의 온전한 모습이 어느 정도 확보될 수 있다고 생각하고 있습니다."

세월의 무게를 이기지 못해서인지 와송정의 소나무는 몇 년째 시들어가고 있어 주변을 안타깝게 하고 있습니다. 민족의 혼이 깃든 소나무를 살릴 방법을 찾는 게 고택 소유주의 간절한 바람이었습니다.

이제 동암고택 와송정은 일반인들에게 개방되고 있습니다. 과거 암울한 시대를 토로했던 공간이었지만 이제는 당당히 세상에 그 사실을 알리고 널리 홍보하는 공간으로 활용되고 있습니다. 아쉬운 점은 이런 고택이 정부의 예산타령에 밀려, 유지되지 않고 조금씩 허물어져 가는 모습을 봐야 한다는 점입니다. 다른 독립운동가와 민족의 정신을 각성시킨 고택이 잘 보수되어 가는 모습을 보면서 동암고택 와송정도 그런 날을 기대해 봅니다.

점차 시들어가고 있어 쓸쓸함을 자아내는 소나무

동암고택 와송정

동암고택 와송정에 간다면, 연못을 앞에 둔 사랑채와 그 주변으로 누운 듯 서 있는 소나무 세 그루를 찾아볼 것을 추천합니다. 고택은 일반인들에게 공개되고 있어 하룻밤 머무는 것이 가능합니다.

고택 정보

가는 방법 서해안고속도로 광천나들목을 나온다. 광천차로에서 청양, 광천, 천북 방면으로 나와 산성삼거리에서 청양 방면으로 오면 화암리가 나온다. 내비게이션에서 주소를 찍거나 임동일 가옥을 검색하면 찾을 수 있다.

주소 충청남도 청양군 화성면 화암리 222번지

전화 (041)942-4498

고택 한 바퀴 둘러보기

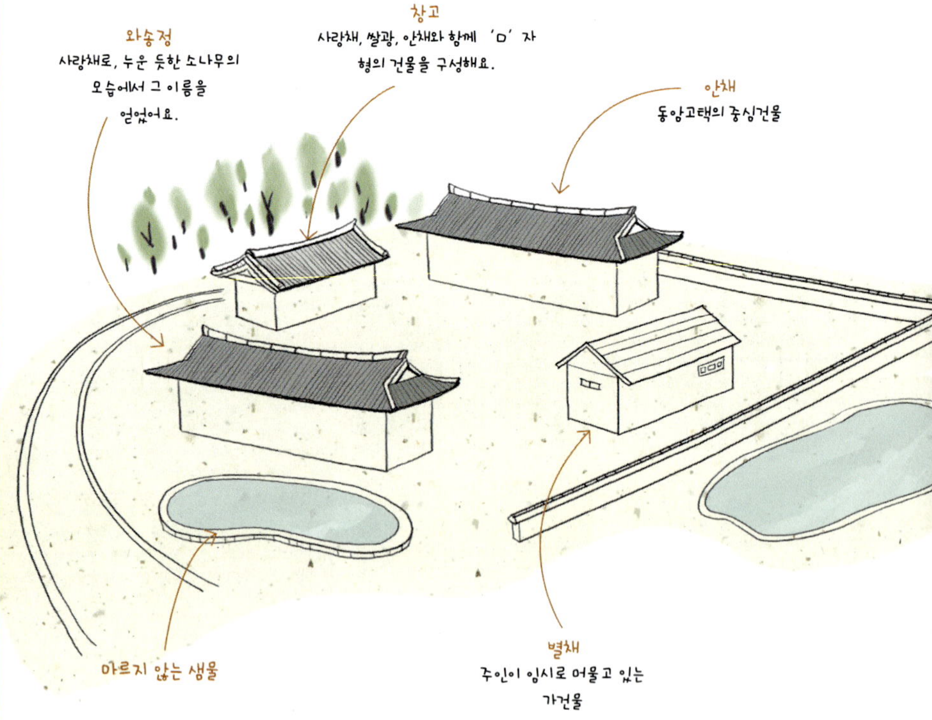

생태 자연학습장

고운식물원

동암고택 와송정 인근에는 유명한 식물원이 있습니다. 청양군 청양읍 식물원길에 위치한 고운식물원은 2003년에 개원됐습니다. 규모는 20ha(약 60,400평) 정도이고 희귀 및 멸종위기 식물인 미선나무(목본), 가시연꽃(초본) 외 15종을 보유하고 있습니다. 뿐만 아니라 총 8,000여 종의 식물 유전자원을 보유하고 있습니다. 식물원에서는 전문인과 일반인을 위한 교육 프로그램 개발과 초, 중, 고교생을 위한 프로그램을 운영하고 있습니다. 방갈로도 운영되고 있어 하룻밤 머물 수 있습니다.

주소 충청남도 청양군 청양읍 식물원길 398-23

전화 (041) 943-6245

홈페이지 www.kohwun.or.kr

©고운식물원

©고운식물원

해룡성 고택

"우리 선대 어른들은 대대로 내보이는 것을 좋아하지 않았어요. 오죽하면 관직도 마다하고 낙향해 평범하게 살려고 했겠습니까. 그저 저희들이 깨끗하게 집안을 정리해, 오시는 분들이 이 고택에 깃들어 있는 정신을 느끼고 가시면 그것으로 만족합니다."

사라질 뻔한 고택에 활력을 불어넣은 주인의 모습을 보며 사람의 생각이 얼마나 중요한지를 새삼 느끼게 됩니다.

해룡성 고택의 전경. 지금은 당시의
모습이 사라지고 안채만 그 흔적이
남아 있습니다.

海龍城 古宅 해룡성 고택

　　해룡성 고택은 이 집 소유주인 문창훈 선생의 7대 조
부인 청계 문효광 선생이 지었습니다. 청계 선생은 초야에
묻혀 벼슬과 거리를 둔 선비였지만 갯벌을 개척해 농사를 짓
고 염전을 운영하며 부를 축적한 천석지기 부자였습니다. 정
당한 노력으로 부를 축적해 이웃에 넉넉하게 베푸는 후한 인
심을 선보였습니다.

이들은 남평 문씨의 후손입니다. 원래 이들의 세거지는 장흥
이었으나 청계 선생이 순천으로 입향해 순천문중을 형성했
습니다. 남평 문씨 가문은 충과 효를 중시했으며 정당한 노
동의 결과를 얻으라는 전통을 가지고 있었습니다. 그 대표적
인 인물이 풍암 문위세 선생입니다. 〈풍암유실기〉에는 그의
이력이 잘 기록돼 있습니다.

남평 문씨 사료에 따르면, 풍암 선생은 1547년에 안동 도산서원에서 퇴계 이황 선생으로부터 제갈공명의 군사 조련 용병술을 배웠으며 성리학을 연구하기도 했습니다. 임진왜란이 일어나자 풍암 선생은 집안 노비와 종 100여 명을 이끌고 낙안 순천을 경유해 남원에 도착해, 작전참모겸 양곡관의 보직을 맡아 의병대의 군량미 확보, 조달 총책임을 맡았습니다. 그는 장수, 무주, 금산 전투에서 뛰어난 지략을 세워 '제갈량'으로 불렸으며 흰옷 입은 의병장이란 뜻의 '백의의병장'으로 이름을 떨치기도 했습니다. 풍암 선생은 만년에 장흥 유치면 늑용리에 사군대를 짓고 가야금과 글을 벗하다가 그 해 세상을 떠났습니다. 1644년에는 그의 학덕을 흠모한 선비들과 후손들이 월천사를 설립하고 제사를 올리기도 했다고 합니다. 고관대작의 벼슬은 하지 않았지만 우국애민 선비정신으로 민초들과 생사고락을 함께 했던 기품이 느껴지는 인물입니다.

이러한 가풍을 가진 풍암 선생의 5대손인 청계 선생이 관직에 나가는 것보다 순천을 고향으로 삼아 갯벌 개척과 염전으로 부를 이루어 순천만의 천석지기가 되어 지은 집이 해룡성 고택입니다. 그들의 부는 오로지 땀을 흘리며 열심히 노동한 대가였습니다. 그러면서 해룡성 고택을 찾아오는 손님에게는 언제나 넉넉한 인심을 베풀었습니다. 사랑채를 항상 개방해 며칠이고 음식을 제공하는 인심 좋은 집안의 명성을 이어왔다고 합니다.

해룡성이라는 고택 명칭은 통일신라의 대업을 완성한 신라

고택 입구. 담장도 나무를 엮어 만든 현대식입니다.

명문가에서의 하룻밤

제30대 왕이었던 문무왕의 아호_{문인이나 예술가의 호를 높여 부르는 말}에서 따왔다고 전합니다. 문무왕은 죽어서 신라를 지키겠다는 호국의 용이 되고자 했던 인물로 그 내용이 〈삼국사기〉와 〈삼국유사〉에 전하는데 종합해보면 이러합니다.

삼국 통일을 이룩한 문무왕은 평소 '호국룡이 되어서 왜적을 막겠다'고 염원했다. 그러면서 자신이 죽으면 동해안의 대왕암에 묻어 줄 것을 유언으로 남기고 숨을 거뒀다. 선왕의 유언에 따라 신문왕은 동해에서 장례를 치렀다. 그 무덤이 수중릉으로 알려진 경주 감포의 대왕암이다. 문무왕의 아들인 신문왕이 선왕의 유언이 성취되길 기원하며 감은사感恩寺를 건립하고 선왕의 용으로 승천하는 모습을 보기 위해 이견대를 세웠다.

이 '호국룡 설화'는 바다의 용이 되고자 한 문무왕의 염원이었습니다. 그래서 과거 순천만 지역의 해룡성은 신라시대 교역로의 주요 거점이 되어 신라의 교역 중심이었음을 짐작케 합니다. 실제 순천에는 해룡면이라는 행정구역도 있으니 해룡성 고택은 신라 문무왕의 기운이 서린 명당이기도 합니다.

소박한 풍모, 고귀한 역사와 내력

해룡성 고택은 순천의 유일한 고택체험 장소로, 지어진 지는 오래되지 않았지만 고택을 둘러싸고 있는 해룡성에 대한 오랜 역사를 알면 고택체험이 더 흥미롭습니다.

해룡성에서는 과거 발굴조사를 통해 후백제의 유물로 추정

1 고택 주인인 문창훈 선생이 선대 조상들의 관직 증표인
'교지'를 펼쳐 보이고 있습니다.
2 해룡성 고택의 대나무 숲길

되는 기와편이 발견되기도 했습니다. 주변 밭에서도 기와편이 발견되는 등 역사의 흔적이 많이 보였습니다. 하지만 체계적인 발굴이 이루어지지 않아 과거의 역사 흔적이 제대로 파악되지 않고 있습니다.

고택 소유자인 문창훈 선생은 이도학 선생이 조사한 바를 인용해, 해룡성은 신라 말과 고려 초 순천이 가장 왕성했던 시기의 중심지였다고 소개합니다. 그래서 여수와 광양, 고흥을 거느리고 있을 정도였고, 후백제를 세운 견훤도 이곳에서 군사를 일으켜 북진했을 정도였습니다.

역사적으로 볼 때 해룡성은 삼국시대의 백제에 속했으며, 통일신라시대에는 당나라로 향하는 중간 기점의 항구도시로 군사적 요충지 역할을 했을 것입니다. 그 파란만장한 역사를 지닌 해룡성은 이제 광대한 간척사업으로 곡창지대로 변해 조용한 농촌마을이 됐습니다.

삼국시대 때는 이 일대가 바다를 접하고 있었다고 합니다. 그리고 백제시대 때는 해룡성 고택 앞이 '사비포'라는 항구였

명문가에서의 하룻밤

습니다. 그래서 이곳은 교역항구 역할도 했을 것으로 추측됩니다. 고려시대에는 해룡성에는 '해룡창'이라는 쌀 창고가 만들어져 이곳에서 생산된 쌀을 외부로 실어내는 역할을 했다고 합니다.

전통한옥 체험에 제격

고대로부터 내려오는 해룡성의 역사를 품고 조선 중기에 해룡성 고택이 건립됐습니다. '넓은 모래벌판에 기러기가 내려앉은 형국의 땅'이라는 뜻을 가진 '평사낙안' 지형의 명당에 고택이 들어섰습니다. 하지만 여느 고택처럼 규모가 크지는 않습니다. 아마도 처음 지었을 때는 화려했겠지만 지금은 세월의 무게를 이기지 못하고 안채의 대들보만 그 흔적을 보여주고 있습니다. 최근에 사랑채, 행랑채를 복원했고 사당과 제당은 현대식입니다. 언뜻 보기에는 일반 서민층의 가옥구조와 비슷합니다. 하지만 이 고택은 1776년에 지어진 아주 오

고택 안채의 마루.
과거 웅장했던 모습이 남아 있습니다.

1 안채의 안방. 고택에서 가장 큰 방으로
새로 보수를 해 깨끗합니다.
2 문씨 일가에서 제사를 올리는 제실

명문가에서의 하룻밤

래된 집입니다.

당시의 규모는 아마도 마을 입구에 행랑채가 지어진 것으로 추정됩니다. 출토되는 유구가 마을 입구에서도 발견되기 때문입니다. 하지만 현재의 규모는 과거만큼 화려하지 않습니다. 오랫동안 벼슬길에 나서지 않은 수줍은 선비의 기품처럼 그저 한적한 시골의 아늑한 기와집 정도입니다. 고택의 흔적 역시 안채의 골격에서 느낄 정도입니다. 그나마 최근에 고택 입구 행랑채를 새로 짓고 사랑채를 손질해 길손들을 받고 있습니다.

고택 안으로 들어가면 정면에 사랑채가 보이고 좌측에 안채가 보입니다. 남도지역이라 마당에는 야자수가 제법 자라 이국적인 풍경을 연출합니다. 고택의 풍모는 안채에서 찾을 수 있습니다. 휘어진 적송을 사용해 만든 대들보는 고택을 지을 당시 집에 기울인 정성을 말해줍니다. 안채의 맨 건넌방은 황토로 된 구들방으로, 230년이 넘은 지금도 건축 당시의 모습대로 유지되고 있습니다. 전통한옥 체험을 하고 싶은 여행객들에게는 더할 나위 없는 공간입니다. 안채의 중앙 안방은 제일 큰 방으로 고택의 중심축을 형성하고 있습니다. 두 칸을 터서 만든 이곳에는 잘 건조된 홍송 서까래가 전통한옥의 느낌을 잘 살려줍니다.

해룡성 고택이 위치한 마을은 전형적인 농촌 마을입니다. 고택에서 바라다 보이는 논은 과거에는 바다였습니다. 지금은 간척사업으로 바다가 보이지 않을 정도입니다. 마을 곳곳에는 감나무가 즐비하고 고택 뒤편에는 서걱대는 대숲이 형성돼 있어 바람을 막아 주기도 하고 그늘을 만들어 주기도 합니다.

고택체험공간으로 새로 단장한 해룡성 고택은 안채와 사랑채 별채의 총 7칸을 사용할 수 있습니다. 주인인 문창훈 선생이 직접 손님을 맞이하고 있습니다. 서울에서 직장 생활을 하다 퇴임해 이 고택에 머물며 조상들의 유지를 받들고 있습니다.

현재 고택을 지키고 있는 문창훈 선생이 대대로 내려오는 가훈을 일러주었습니다.

효제충신 예가병학 가색수종지법 孝悌忠信 禮家兵學 稼穡樹種之法
진정으로 효도하고 우애하라. 예의를 지키고 힘을 기르라.
씨를 뿌리고 거두는 방법을 배워라.

이 가르침을 근간으로 해룡성 고택이 유지되어 오고 있다고 그가 말했습니다. 선친의 별세로 한동안 비어 있었지만 현재 문창훈 선생이 서울 생활을 정리하고 낙향해 길손들을 받고 있습니다. 고택의 위용을 살리기 위해 용마루와 치마를 올려봄이 어떠할까 하고 제안을 해보지만 주인은 손사래를 칩니다.

"우리 선대 어른들은 대대로 내보이는 것을 좋아하지 않았어요. 오죽하면 관직도 마다하고 낙향해 평범하게 살려고 했겠습니까. 그저 저희들이 깨끗하게 집안을 정리해, 오시는 분들이 이 고택에 깃들어 있는 정신을 느끼고 가시면 그것으로 만족합니다."

사라질 뻔한 고택에 활력을 불어넣은 모습을 보며 사람의 생

   명문가에서의 하룻밤 ● ○

1 따뜻한 남도라 고택 앞마당에서
는 열대식물이 자라고 있습니다.
2 고택의 운치가 느껴지는 별채의
추녀끝 기와

사당에서 본 별채의 뒷모습. 우측이 안채입니다.

각이 얼마나 중요한지를 새삼 느끼게 됩니다. 아무도 살지 않으면 곧 허물어지는 고택을 지켜가겠다는 의지를 가진 후손의 노력은 사라져가는 것들에 대해 하나하나 생명력을 불어넣고 있었습니다.

방을 수리하고 옛 구들을 보수해 불이 들게 하고 옛 물건들을 손질해 곳곳에 전시를 하는 문창훈 선생의 손길이 분주해졌습니다.

"이제 시작이지요. 곧 서울생활을 정리하고 선조의 숨결이 담긴 고택을 지키는 일이 제가 남은 삶 동안 해야 할 의미 있는 일 가운데 하나가 아닌가 싶습니다."

해룡성 고택을 나오면서 생각해 봅니다. 과거의 흔적이 고스란히 남아 있는 고택만 고택이라 할 수 있을까? 해룡성 고택은 외형은 왜소해도 가문의 전통만큼은 어느 고택 못지않게 가치가 있습니다.

해룡성에서 바라본 마을 앞모습. 지금은 논과 밭이나, 과거에는 바다였습니다.

해룡성 고택

주말에는 예약이 필수이며, 주중에는 전화를 걸어 예약상황을 확인해야 머물 수 있습니다. 취사도구가 있어 음식을 준비해 가도 되고 바베큐도 가능합니다. 식사를 고택에서 해결할 경우에는 예약이 필수입니다. 고택이라기보다는 외갓집을 체험하는 듯한 분위기입니다. 홈페이지가 잘 만들어져 자세한 정보와 예약을 할 수 있습니다. 주변에 빽빽이 둘러선 대나무가 있어 매일 아침 새소리가 잠을 깨울 정도입니다. 또한 가까운 거리에 국제습지보호구역으로 지정된 순천만이 있어 함께 둘러보기에 좋습니다.

고택 정보
주소 전라남도 순천시 홍내동 348-1번지
전화 (061)744-1760
홈페이지 www.순천만해룡성고택.kr

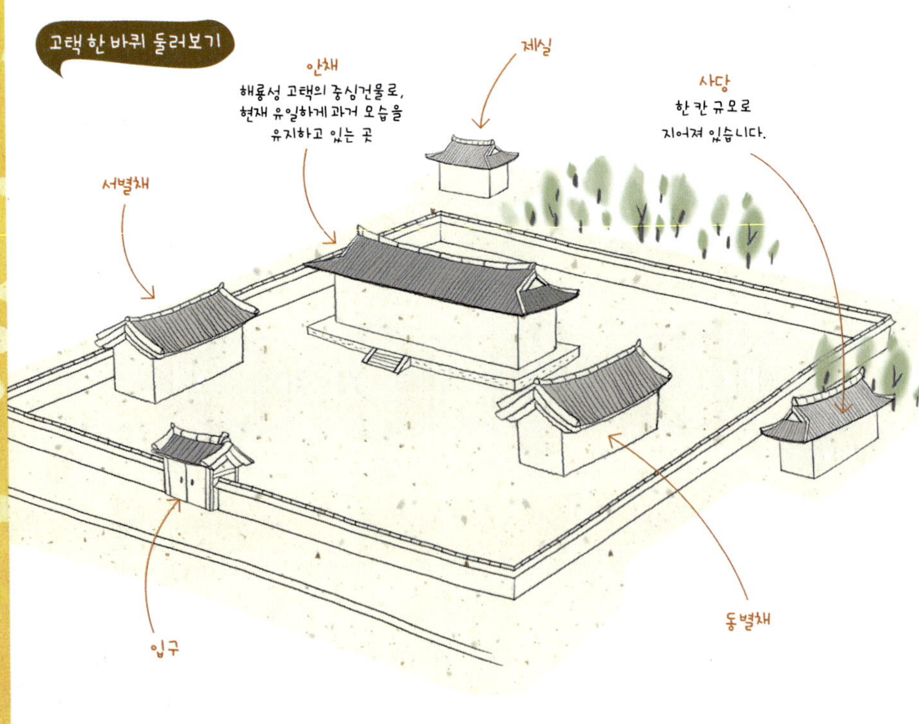

명문가에서의 하룻밤

한국의 생태 수도
순천만 자연생태공원

인근에 세계 5대 연안습지인 순천만이 있어 자연생태체험을 할 수 있습니다. 남해 쪽으로 돌출한 두 개의 반도, 즉 여수반도와 고흥반도 사이에 위치한 순천만은 순천시를 가로질러 흐르는 동천과 이사천이 한 곳으로 만나 바다와 합쳐지는 곳에 만들어진 드넓은 갯벌입니다. 2006년 람사르협약에 의해 국제습지보호구역으로 가입돼 있습니다. 순천 시내를 통과한 동천과 이사천이 몸을 합쳐 바다로 흘러드는 S자 수로, 수로 주위로 드넓게 펼쳐진 갈대밭은 순천의 상징이요, '한국의 생태 수도'로 불리기도 합니다.

주소 전라남도 순천시 순천만길 513-25

전화 (061)749-4007

홈페이지 www.suncheonbay.go.kr

살아있는 역사마을
낙안읍성

낙안읍성은 조선시대 왜적의 침입을 막기 위해 쌓은 성으로 현재까지 그 모습이 잘 간직되어 오고 있습니다. 세계문화유산 잠정목록 등재, CNN 선정 대표 관광지, 문화재청 선정 가족 여행지 32선 등에 선정된 낙안읍성은 아이들과 함께 가보면 아주 유익합니다. 1,410m 길이의 성곽, 중요민속문화재 가옥 9동 등 13점의 문화재를 보유하고 있고, 290여 동의 초가집에 120세대 288명의 주민이 직접 살고 있는 전통 역사마을입니다.

주소 전라남도 순천시 낙안면 충민길 30

전화 (061)749-8831

홈페이지 www.nagan.or.kr

홍성

사운고택 우화정

21

사운고택의 백미는 안채 뒤편에 서 있는 소나무입니다. 수령이 몇백 년은 됐을 법한 노송 수십 그루가 고택을 호위하듯 서 있습니다. 저녁 무렵 이곳에서 바라보는 고택의 풍경은 황홀하기까지 합니다.

雨花亭 _{우화정}

세상에 태어나 부귀영화를 탐하지 않을 사람은 드 뭅니다. 어떤 이는 세상의 명리를 한평생 쫓아다니다가 허망하게 생을 마감하기도 합니다. 충청남도 홍성 사운고택의 주인이었던 사운 조중 선생의 삶은, 이러한 명리를 쫓아 다닌 사람들에게 더불어 살아가는 것이 무엇인지 극명하게 보여줍니다.

구름처럼 유유자적하게 살고자 호를 사운으로 부르게 했던 조중세 선생은 세속에 있으면서 세속의 명리를 탐하지 않았던 조선의 대표적인 선비였습니다. 그는 관직에 있으면서도 자신의 사재를 털어 백성들을 돌본 목민관이었습니다. 그가 살았던 조선말기 사회는 관료들의 각종 부정부패로 백성들의 삶이 피폐할 대로 피폐했던 시기였습니다. 어떤 이들은 조선의 백성이기를 거부하고 도적떼가 되어 강산을 떠돌기도 했습니다. 이러한 절명의 시대에 사운선생은 하늘의 구름처럼 고요하게 세상에 자비를 베푸는 따스한 마음을 지닌 지도자였습니다.

그가 과거에 급제해 문경현감으로 봉직하고 있을 무렵, 심한 기근이 들자 고민에 빠졌습니다. 이미 백성들의 곡간에는 양식이 떨어진 지 오래였고 관아에 비축한 양식도 바닥을 드러낸 지 오래되었기 때문입니다.

"무슨 좋은 방법이 없을까?"

사운 선생은 아무리 궁리해도 달리 방법을 찾을 수 없었습

사운고택 뒷산을 둘러 조성돼 있는 담장

니다. 그러나 그 사이에도 백성들은 굶주림으로 죽어가고 있었습니다. 사운 선생은 하는 수 없이 자신의 곡간을 열기로 마음먹었습니다. 그러고는 홍성 본가에 있는 부친에게 기별을 넣었습니다.

"아버님, 소자는 전하의 명을 받들어 여기 문경현감으로 봉직하며 백성들의 삶을 보살피고 있사옵니다. 그런데 이곳에 부임해 보니 백성들은 초근목피로 연명하기 일쑤고 더구나 기근이 들어 도저히 살아갈 방법을 몰라 사경을 헤매는 수가 늘어납니다. 하여 부득이 저희 곡간을 열어 민초의 굶주림을 달래볼까 하옵니다. 부디 소자의 마음을 헤아려 주십시오."

사운 선생은 홍주지금의 홍성에서 곡식을 실어 날라 자신이 봉직하고 있는 문경 사람들을 구휼했습니다. 입에 풀칠하기도 어려운 시기에 어느 관료가 자기 곡간을 열어 백성을 위했을까 하는 의구심이 들지만 그의 행적은 〈조선왕조실록〉에 기록돼 있습니다.

사운 선생은 또 고종 년에는 의병에게 군량미를 지원하기도 했습니다. 추측하건대 그가 관직에서 물러나 홍성에서 생을 마감하기 3년 전으로 추정되는 1895년의 일입니다. 명성왕후가 일본 낭인들에게 시해를 당한 을미사변과 단발령에 울분을 참지 못한 홍주 지역 유생들과 민중들이 봉기했습니다. 이들은 광천에서 의병을 모으더니 홍주성을 점령하고, 그 외 전국 수백 명의 의병들이 홍주로 집결했습니다. 이에 사운고택에서는 이들 의병에게 쌀 239두를 보내 사기를 북돋웠다고 합니다.

　　사운고택은 인조 임금 때 장열왕후를 배출한 가문입
니다. 장열왕후는 사운고택의 주인이었던 조계원 선생의 사
촌지간인 조창원 선생의 딸입니다. 조창원 선생이 직산현감
지금의 천안시장으로 재직할 때 태어났습니다. 장렬왕후는 인조
임금 16년이 되던 1638년에 15세로 왕후에 책봉되어 효종
현종대를 거쳐 숙종 14년에 65세로 승하하기까지 파란만장
한 인생을 산 왕실의 여인이었습니다. 증손자의 즉위까지 본
장렬왕후는 '조대비'로 이름이 더 알려져 있습니다. 장렬왕후
는 1651년 효종으로부터 존호를 받아 자의대비라고도 불렸
습니다. 1659년 효종 임금이 세상을 뜨자 대왕대비에 올라
섭정을 펼치기도 했습니다. 이러한 왕실의 외척으로 오랫동
안 권세를 누려 민전을 많이 소유했다는 원성을 사기도 했지

고택 입구. 양쪽으로 행랑채가 지어진 모습이 단출해 보입니다.

만 사운고택의 가문은 동학농민전쟁과 일제강점기, 한국전쟁 등의 소용돌이 속에서도 특별한 피해를 입지 않았습니다.

사운고택 사랑채 서쪽에는 쌀을 수백 가마 넣을 수 있는 5칸의 겹집 형태의 곳간이 있습니다. 이 창고는 기근이 들거나 백성이 굶주릴 때 어김없이 열렸다고 합니다. 그리고 이 가문의 전통은 대대로 내려와 현재 살고 있는 조환웅 선생의 조모대에까지 이르렀다고 합니다. 사운고택 안채에는 최근 조환웅 선생이 만든 '보현당寶賢堂'이라는 현판이 있습니다.

"집안 어른들이 대대로 어려운 이웃을 도왔고 특히 한국전쟁 당시 우리 집에 인민군 사령부로 쓰일 때조차도 어려운 이들에게 곡식을 나누어 주셨던 조모의 뜻을 기리기 위해 보배롭고 어진 마음을 가진 집이란 의미에서 담아 걸었습니다."

어르신의 이야기가 마음에 깊게 남았습니다.

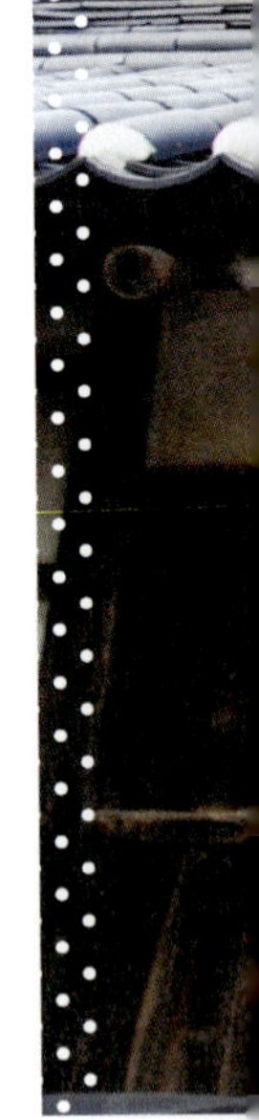

꽃비 내리는 정자에 선비가 산다

야산을 배경으로 하여 들어서 있는 사운고택은 오래된 소나무에 둘러싸여 편안한 느낌을 줍니다. 사운고택이 있는 홍성 장곡면은 차령산맥이 흘러 서해에 이르는 완만한 곡선 하부에 해당하는 지역입니다. 장곡면의 동남쪽에는 오서산이 보령시 청소면과 경계를 이루고 있고, 동쪽은 청양군 비봉면과 경계를 이루고 있습니다. 북쪽은 예산군 광시면과 경계를 이루고 있습니다

홍성의 남단에 위치한 장곡면은 차령산맥을 뿌리에 두고 있어 임야가 60%에 이릅니다. 겹겹이 100미터에서 300미터에 이르는 산들과 소하천들이 흘러 넓은 평야를 이루는 곡

명문가에서의 하룻밤

사운고택 입구의 솟을대문. 단촐해 보이면서도
안으로 향하는 모습은 사뭇 위엄 있어 보입니다.

창지대입니다. 사운고택이 위치한 지역도 전형적인 배산임수 지역으로, 산의 흐름이 완만하고 물이 풍부한 남향에 자리하고 있습니다.

사운고택은 양주 조씨 충정공파의 종가입니다. 충정공은 조계원 선생의 호입니다. 그는 인조임금 때 호조판서를 지낸 조존성 선생의 아들이며 영의정을 지낸 신흠 선생의 사위이기도 합니다. 그의 손자인 조태벽 선생이 이 고택을 지어 지금까지 내려오고 있습니다.

고택 소유주인 조환웅 선생의 부친 이름을 본 따 '조응식 가옥'이라고도 부르는 이 고택은 국가문화재 중요민속자료 제198호로 지정돼 있습니다. 한편 사운고택이라 불리는 연유는 조환웅 선생의 고종조인 조중세 선생의 호가 사운이었기 때문입니다.

이 고택의 또 다른 이름은 우화정입니다. '꽃비가 내리는 정자'라는 뜻의 아름다운 이름입니다. 조선 영조 때의 문신이자 서예가였던 자하, 신위 선생이 직접 글을 써서 달아준 것입니다. 신위 선생은 명조 때 학자이자 서예가로 유명했습니다.

신위 선생은 어려서부터 신동이라 불렸고, 14살 때 정조가 궁중으로 불러들여 크게 칭찬하고 아꼈으며 정조 23년, 문과에 급제하여 도승지를 거쳐 이조참판까지 올랐습니다. 그가 봄볕 좋은 어느 날 선대의 외가였던 이 고택에 머물렀는데 집 앞 벗나무에서 꽃잎이 비처럼 떨어지는 모습을 보고 그 자리에서 '우화정'이라는 글을 썼다고 합니다. 그 글귀는 현재도 남아 우화정 방안에 걸려 있습니다.

'우화정(雨花亭)'이라는 액자 현판이 걸려 있는 사랑채 내부

명문가에서의 하룻밤

고택은 평평한 대지에 한문으로 '석 삼' 자 형태_{행랑채-사랑채-안}로 나란히 건물을 배치했습니다. 날씨가 춥지 않아 여백의 좌우에 여백의 공간을 두어 나무를 심어 조경을 했던 것으로 보입니다. 이러한 가옥구조는 조선시대 호서지역 양반가의 특성을 보여주는 전형적인 양식입니다.

안채 우측에 안사랑채가 배치돼 있습니다. 공간적 구분으로는 안채 영역, 사랑채 영역, 안사랑채_{별당} 영역이 있습니다. 안채와 안사랑채 사이에는 창고, 부경_{토지광}이 있고 안채 서쪽 마당 끝에 헛간 1동이 있습니다. 행랑채 좌측에 화장실 1동이 배치되었으며 우측 담장에는 안사랑채로 직접 통하는 협문이 세워져 있습니다.

사운고택의 특별한 점은 수백 년은 되었을 법한 노송이 집안 뒤편에 가득해 고택의 기품을 더한다는 것입니다. 고택도 고택이거니와 강릉 선교장과 같이 노송이 어우러진 고택의 모습은 방문하는 이들의 마음을 차분하게 만듭니다.

사운고택이라는 현판이 걸린 행랑채는 5칸 형태로 솟을대문이 중앙에 우뚝 솟아 있습니다. 그 앞에 'ㅡ'자 형태로 배치한 사랑채가 있고, 사랑채 우측에 안채로 통하는 문이 있는데 최근에 만든 것 같은 '청남문淸南門'이라는 현판이 걸려 있습니다.

고택의 중심에 자리하고 있는 사랑채는 다른 한옥들과 다른 점이 있습니다. 일반 고택들이 장식을 하지 않은 것과 달리 이곳에는 누마루 아래에 주역의 팔괘 중 '건곤감리乾坤坎離'와 '천하태평天下泰平'이라는 글을 새기고 장식을 위한 돌을 쌓았습니다. 언제 이렇게 만들었는지는 모르지만 세상의 태평

성대를 꿈꾸는 사운고택의 어느 주인이 만든 것만은 틀림없습니다. 이 문양을 언제 새겨 넣었는지는 모르지만 평화로운 세상을 꿈꿨던 당시 집주인의 마음이 고스란히 느껴집니다. 여느 고택처럼 그리 넓지 않은 사랑채 안에는 고택의 또 다른 이름인 '우화정'이라는 글귀가 쓰여 액자에 걸려 있습니다. 사랑채 외벽에는 '수루睡樓'라고 쓰인 현판이 있는데 '한가로이 낮잠을 청하는 누각'이라는 뜻으로 보입니다.

안채 앞마당은 비교적 널찍합니다. 6칸, 측면 4.5칸의 안채는 사람이 거주하는 공간입니다. 솟을대문을 나가면 정면에 정방형 연못이 있고 그 가운데 석가산이 조성돼 있습니다. 그 인근 산에는 집을 지을 때 기와를 구웠던 곳으로 보이는 가마터가 있었다고 합니다. 정남향의 집 앞에 우물을 두어 산을 등지고 물을 바라보게 하여 사람의 마음을 여유롭게 해 주는 건축학적 미를 담아내고 있습니다. 연못 서쪽에는 '청한루'라는 정자가 있었다고 합니다. 더불어 후손인 조환웅 선생이 직접 고향에 내려와 고택을 지키고 가꾼 덕택에 몇 년 전까지 없던 고택 뒤뜰에 담과 문이 생겨 고택의 기품을 더해주고 있습니다.

소나무 사이에서 바라보는 풍경

사운고택의 백미는 안채 뒤편에 서 있는 소나무입니다. 수령이 몇백 년은 됐을 법한 노송 수십 그루가 고택을 호위하듯 서 있습니다. 저녁 무렵 이곳에서 바라보는 고택의 풍경은 황홀하기까지 합니다. 사운고택 주변은 농촌진흥청의 주도로 전통테마마을 조성 작업이 진행 중입니다. 또한

1 고택 행랑채와 사랑채인 우화정의 모습
2 안채와 연결돼 있는 문과 사랑채인 우화정. 사랑채 아래 기단에 돌과 회를 이용해
  문양을 낸 것이 특색 있어 보입니다.

마을에 두부와 떡 가공 공장을 이용해 초등학교 체험실습 과정과 연계하려는 노력도 추진 중입니다. 고택에서 학산산성에 이르는 길목에 수목원도 조성 중입니다. 한때는 수많은 전답을 가지고 있다고 해서 비판이 대상이 됐기도 하지만 근대 토지개혁 때 많이 유실돼 지금은 고택과 약간의 임야만 소유하고 있습니다.

사운고택을 지키고 있는 조환웅 선생은 지역사회에서 많은 활동을 하고 있습니다. 우선 농촌테마마을인 '즐거운 생활농장'을 운영하고 있고 장곡유물전시관 관장도 겸하고 있습니다. 국사편찬위원회 사료조사위원으로도 활동하며 고택에 들어있는 소중한 가치를 발굴하기 위해 노력하고 있습니다.

"고택에 깃든 가치를 발굴하는 작업은 아직 기초단계에도 이르지 못했습니다. 가장 한국적인 정신문화를 발굴해내기 위해서는 이 정신을 잘 발굴해야 하는데 국가 정책이 너무도 미흡하지요. 하지만 몇 년 전에 비하면 훨씬 좋아진 건 사실입니다. 이 작업은 일개인이 할 수 있는 것이 아니라 고택에 관여돼 있는 모든 사람들이 힘을 모아야 할 사업입니다."

산성과 숲이 어우러진 곳이 바로 이곳이 사운고택입니다. 이곳에 가면 타임머신을 타고 시간을 거슬러 우리 것을 찾는 여행을 체험할 수 있습니다.

사랑채의 사랑방인 우화정에서 바라본 행랑채의 모습. "이리 오너라" 하고 외치면 하인들이 금방 나올 듯합니다.

우화정에서 안채로 이어지는 대문. 평소에는 개방하지 않고 안주인이 특별한 일이 있을 때 개방한다고 합니다.

사운고택 우화정

사랑채가 일반인에게 개방됩니다. 난방은 군불과 보일러를 겸용하고 있고, 사랑채와 안채를 연결해주던 공간은 수세식 화장실로 개조해 한옥의 불편함은 없습니다. 취사공간과 샤워실은 행랑채에 마련돼 있습니다. 펜션이나 콘도에 머무는 것보다는 조금 불편하다는 생각을 하고 가는 게 좋습니다.

고택 정보

가는 방법 자가용으로 이동하는 것이 편하고, 내비게이션에 '조응식 가옥'을 치면 나온다.
주소 충청남도 홍성군 장곡면 산성리 309번지(홍남동로 989–22)
전화 (041)642–6065

고택 한 바퀴 둘러보기

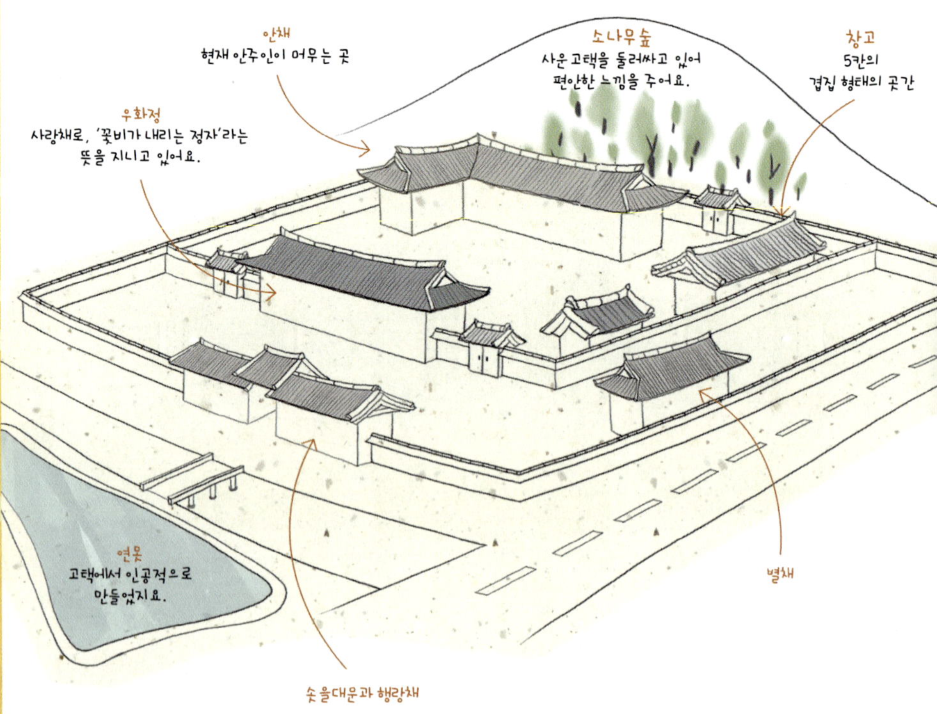

손꼽히는 고려시대의 건축물
수덕사

사운고택에서 30여 분 거리에는 천년 고찰 수덕사가 있습니다. 국보로 지정돼 있는 수덕사 대웅전은 안동 봉정사의 극락보전과 영주 부석사의 무량수전과 함께 우리나라에서 손꼽히는 고려시대 건물입니다. 대웅전을 해체해 수리할 때, '1308년'이라는 건물의 건립연대를 알게 하는 글씨가 발견되어 역사적 가치를 더합니다.

수덕사는 안정감 있는 맞배지붕의 건물로 우리 건축의 아름다움을 잘 보여줍니다. 기둥은 배흘림기둥으로, 아래에서부터 점점 굵어지다가 사람 키 정도 높이에서부터 다시 가늘어지는 형태입니다. 건물의 기둥과 지붕을 연결하는 공포의 구조가 주심포를 취하고 있어 더욱 아름다움을 더해줍니다

수덕사는 조계종 총림(선원, 강원, 율원을 갖춘 종합수행사찰) 중 한 곳으로 조선 말 선풍을 일으킨 경허 스님이 머물렀으며, 일제 시대 만공 스님에 의해 우리 불교를 지켜온 곳이기도 합니다. 수덕사는 사찰뿐만 아니라 예술인 이응로 화백이 머물렀던 곳으로도 유명합니다. 당시 옆에 있던 수덕여관은 이응로 선생 유물관으로 변모해 있습니다. 현재 템플스테이도 운영 중입니다.

주소 충청남도 예산군 덕산면 수덕사 안길 79
전화 (041)330-7700
홈페이지 www.sudeoksa.com